高等学校机电工程类"十三五"规划教材

互换性与技术测量实验指导书

主　编　彭　丽

副主编　杜　涛

西安电子科技大学出版社

内 容 简 介

　　本书包括测量技术基础、尺寸的测量、形位误差的测量、表面粗糙度的测量、螺纹的测量、齿轮的测量和三坐标精密测量等 7 个部分的内容，共计 17 个测量实验项目。每个测量实验项目都含有重要概念提示、实验内容介绍，包括测量对象、标准参数、选择量具、测量方法、调整量仪、测量步骤等内容，有的实验还有测量数据处理方法和示例的内容。

　　本书可供高等学校机械类各专业师生使用，也可作为继续教育院校机械类各专业的教材，本书适用于开放式实验及学生自主选择实验。

图书在版编目(CIP)数据

互换性与技术测量实验指导书/彭丽主编. —西安：西安电子科技大学出版社，2015.10(2020.1 重印)
高等学校机电工程类"十三五"规划教材

ISBN 978-7-5606-3844-7

Ⅰ. ① 互…　Ⅱ. ① 彭…　Ⅲ. ① 零部件—互换性—实验—高等学校—教学参考资料
② 零部件—技术测量—实验—高等学校—教学参考资料　Ⅳ. ① TG801-33

中国版本图书馆 CIP 数据核字(2015)第 209129 号

责任编辑　王　斌　毛红兵　胡华霖
出版发行　西安电子科技大学出版社(西安市太白南路 2 号)
电　　话　(029)88242885　88201467　　　　邮　　编　710071
网　　址　www.xduph.com　　　　　　电子邮箱　xdupfxb001@163.com
经　　销　新华书店
印刷单位　陕西天意印务有限责任公司
版　　次　2015 年 10 月第 1 版　2020 年 1 月第 3 次印刷
开　　本　787 毫米×1092 毫米　1/16　印　张　7.5
字　　数　170 千字
印　　数　5001～7000 册
定　　价　19.00 元

ISBN 978－7－5606－3844－7/TG

XDUP 4136001-2

如有印装问题可调换

前　言

　　本书主要针对本科实验教学编写，适用于应用性本科院校，全书共分测量技术基础、尺寸的测量、形位误差的测量、表面粗糙度的测量、螺纹的测量、齿轮的测量和三坐标精密测量等 7 章，共计 17 个测量实验项目。每个测量实验项目都含有重要概念提示、实验内容介绍，包括测量对象、标准参数、选择量具、测量方法、调整量仪、测量步骤等内容，有的实验还有测量数据处理方法和示例的内容。本书可供高等学校机械类各专业师生使用，也可作为继续教育院校机械类各专业的教材。

　　本书还编写了部分相应的实验报告模板，读者可以参考并编写自己的实验报告。

　　本书由成都工业学院彭丽担任主编，杜涛担任副主编。赵雪芹、李静、林阳军、伍琼仙参加编写。

　　在本书编写过程中，得到成都工业学院系部领导的大力支持及帮助，在此表示衷心的感谢。

　　由于我们水平和时间有限，书中难免存在不妥之处，欢迎广大读者批评指正。

编　者

2015 年 5 月

实 验 室 规 则

1. 实验前，必须认真复习教材有关内容，仔细阅读实验指导书，了解实验原理，明确实验目的、要求和步骤，做好充分准备。

2. 必须按规定时间到达实验室，不迟到，不早退。进入实验室要衣着整洁，把鞋底擦干净，避免带入尘土。

3. 实验室内严禁吸烟，不得吃零食、喝饮料，保持室内安静、整洁、卫生，不准大声喧哗及乱丢纸屑。

4. 要在实验教师的指导下进行实验，要遵守纪律，听从指挥。

5. 实验时，要按照不同要求使用计量器具及样件，并按指导书上的实验步骤仔细操作，认真记录有关数据，听从指导教师的指导。

6. 爱护实验室一切设备和用品，量具和量仪要严格按要求维护和使用，光学镜头禁止用手触摸，不可对其呵气，与实验无关的仪器设备一律不许乱动。各组所用仪器或器材未经许可不准互相调换，所有仪器设备不得随意拆除；凡违规操作造成实验设施损坏的，按章赔偿，追究责任。

7. 认真了解实验所用仪器、器材的基本原理、使用方法和注意事项，使用前要仔细检查有无短缺或损坏，如有情况及时报告指导教师。使用时必须严格遵守操作规程。

8. 计量器具如有故障，必须报告指导教师，不得自行拆修。仪器有异常现象，应断开电源，报告指导教师查明原因，正确处理方能再用。

9. 量具和量仪的测量面、精密金属表面和测头、被测样件，要先用优质汽油洗净，再用棉花擦干后使用。测量结束要再清洁这些表面，并均匀涂上防锈油。

10. 实验完成后需将所有一切物品收拾归位，做好清洁卫生。经指导教师检查清点后，方可离去。

实验报告的内容和要求

自主编写实验报告是训练学生逻辑思维和创新能力的一个重要环节，也是培养学生工程意识的一个起步点，还可以培养学生的自学能力。实验报告是考核学生学习成绩和评估教学质量的重要依据。

学生对所做的实验应该做到测量原理清楚，测量方法和操作步骤正确，测量数据比较可靠，并且会处理数据和查阅公差表格。

实验报告应由每个学生独立完成，用钢笔、炭黑墨水笔工整书写。报告内容要层次清楚，文字简明通顺，图、表清晰，符合汉语规范和法定计量单位。学生可根据所测的样件，认真看清图纸的标题栏及加工工艺后进行编写。实验报告中有些内容是在做实验前准备的，有些是做实验时现场记录的。实验报告一般包含下列 9 项内容：

(1) 实验名称。

(2) 实验目的。

(3) 实验原理。

(4) 实验流程图。

(5) 根据图样及工艺写出关键尺寸及其他尺寸。

(6) 选择适宜的测量方法。

(7) 实验记录。

(8) 测量数据处理及相应结论。

(9) 回答思考题，分析测量误差，并提出整改措施。

其中，前 5 项应在预习时书写。

实验记录包括：

(1) 实验所用计量器具的名称、标尺分度值(或分辨力)、标尺示值范围和计量器具测量范围及可以使用的范围。

(2) 被测样件的名称，被测部位的公称尺寸、极限偏差和公差，测量示意图。

(3) 调整计量器具步骤(包括调整计量器具示值零位及所选用的其他标准实物量具)。

(4) 测量数据(列表或用其他方式清晰表示测量的实际尺寸)。

为了培养学生的工程实践能力，在实验报告中要求画出被测孔、轴尺寸公差带示意图及测量样件的位置示意图。

为了减少误判率，特要求按 GB/T 3177—2009《产品几何技术规范(GPS)光滑工件尺寸的检验》的规定，安全裕度 A 取被测孔、轴尺寸公差 T 的十分之一(即 $A = 0.1T$)，计量器具的测量不确定度的允许值 u_1 取安全裕度 A 的十分之九(即 $u_1 = 0.9A$)。所选用计量器具的测量不确定度 $u_1' \leqslant u_1$。相应地，被测孔、轴的上验收极限为样件的上极限尺寸减去一个安全裕度 A，下验收极限为样件的下极限尺寸加上一个安全裕度 A。

目　录

第一章　测量技术基础

测量是指把被测的量与有计量单位的标准量进行比较,从而确定被测量的量值的过程。因为测量工作是实现互换性的重要保证,所以在实际生产中测量技术被广泛地应用,同时为保证测量的正确性,对测量技术在两个方面提出了一些基本要求:① 合理地选用计量器具与计量方法;② 具有较高的测量效率。

一、测量技术的概念

测量包括测量对象、计量单位、测量方法和测量精度四个要素。机械制造业的技术测量或精密测量主要是指几何量参数的测量,包括长度、角度、表面粗糙度和形位误差等的测量。

测量时需根据测量对象的特点和测量要求,拟定测量方法,选定计量器具,把被测量与标准量进行比较,并分析测量过程的误差,从而得出具有一定测量精度的测量结果。

测量的本质就是将被测的量与具有计量单位的标准量的数值进行比较,从而确定二者比值的实验认知的过程。任何一个测量过程必须有被测量的对象(被测量)所采用的计量单位,还要解决两者如何进行比较以及比较的精确程度如何的问题,即要解决测量方法和测量精度的问题。

例如,用游标卡尺对一轴径的测量,就是将被测对象(轴的直径)用特定测量方法(用游标卡尺测量)与长度单位(mm)相比较。若其测量值为 20.32 mm,准确度为 ±0.02 mm,则测量结果可表达为(20.32±0.02)mm。

这样一个完整的测量过程就包括了如上所述的测量对象、计量单位、测量方法和测量精度这四个要素。下面我们对测量过程的四个要素进行相关说明。

(一) 测量对象

在技术测量中,测量对象主要指几何量,包括长度、角度、表面粗糙度及形位误差等。由于几何量种类繁多,并且形状各异,因此对于它们的特性、被测参数的定义以及标准等都必须加以研究和掌握,以能够顺利进行相关测量。

(二) 计量单位

在我国法定的计量单位中,长度的基本单位是米(m),而在机械制造业中通常规定以毫米(mm)作为计量长度的单位。在技术测量中也常用微米(μm)为计量单位。三者之间的换算关系如下

$$1\ m = 1000\ mm;\quad 1\ mm = 1000\ \mu m$$

1983 年第 17 届国际计量大会审议并批准通过了"米"的定义：1 m 是光在真空中在 (1/299 792 458) s 时间间隔内的行程的长度。

平面度的角度计量单位为弧(rad)及度(°)、分(′)、秒(″)。在机械制造中常用的角度计量单位为弧度、微弧度(μrad)和度(°)、分(′)、秒(″)。1 μrad = 10^{-6} rad，1°=0.017 453 3 rad。度、分、秒的关系采用六十进制，即 1°=60′，1′=60″。

(三) 测量方法

测量方法是指进行测量时所采用的测量原理、计量器具和测量条件的总和。根据被测对象的特点，如精度、形状、质量、材质和数量等来确定需用的计量器具，分析研究被测参数的特点和它与其他参数的关系，确定最合适的测量方法以及测量的主观条件。测量方法可以从不同的角度来分类。

(四) 测量精度

测量精度是指测量结果与真值的一致程度。任何测量过程总是不可避免地出现测量误差，误差大，说明测量结果离真值远，精度低；反之，误差小，精度高。因此，对于每一个测量过程的测量结果都应该给出一定的测量精度。测量精度和测量误差是两个概念。由于存在测量误差，任何测量结果都是以一近似值来表示或者说测量结果的可靠有效值是由测量误差确定的。

测量条件是指被测量对象和计量器具所处环境条件，如温度、湿度、振动和灰尘等。测量时的标准温度为 20℃。一般计量室的温度控制在[20±(0.5～2)]℃，精密计量室的温度控制在[20±(0.03～0.05)]℃，且尽可能地使被测对象与计量器具在相同的温度下进行测量。测量环境的相对湿度以 50%～60%为宜，应远离振动、避免灰尘。

二、长度基准与量值的传递

光波波长可用于长度测量，但在生产实践中，不可能直接利用光波波长进行长度尺寸的测量，为了保证机械制造中长度测量的量值统一，必须建立从光波长度基准到生产中使用的各种量具、量仪和工件尺寸的传递系统。量块和线纹尺是实现光波长度到测量实际之间的尺寸传递媒介，是机械制造中的实用长度基准。长度尺寸的传递系统如图 1-1 所示。在该传递系统中，基准量具以量块(端面量具)应用最为广泛。

(一) 量块的正常使用

量块又称为块规。它是机械制造业中控制尺寸的最基本的量具，是从标准长度到零件之间尺寸传递的媒介，也是技术测量上长度计量的基准。对量块的描述包含以下几个方面：

(1) 量块的形状：矩形截面的长方体、圆形截面的圆柱体。长度量块是指用耐磨性好、硬度高而不易变形的轴承钢制成矩形截面的长方块，如图 1-2 所示。它有上、下两个测量面和四个非测量面。两个测量面是指经过精密研磨和抛光加工出的很平、很光的平行平面。

(2) 量块的矩形截面尺寸：基本尺寸为 0.5 mm～10 mm 的量块，其截面尺寸为 30 mm × 9 mm；基本尺寸大于 10 mm～1000 mm，其截面尺寸为 35 mm × 9 mm。

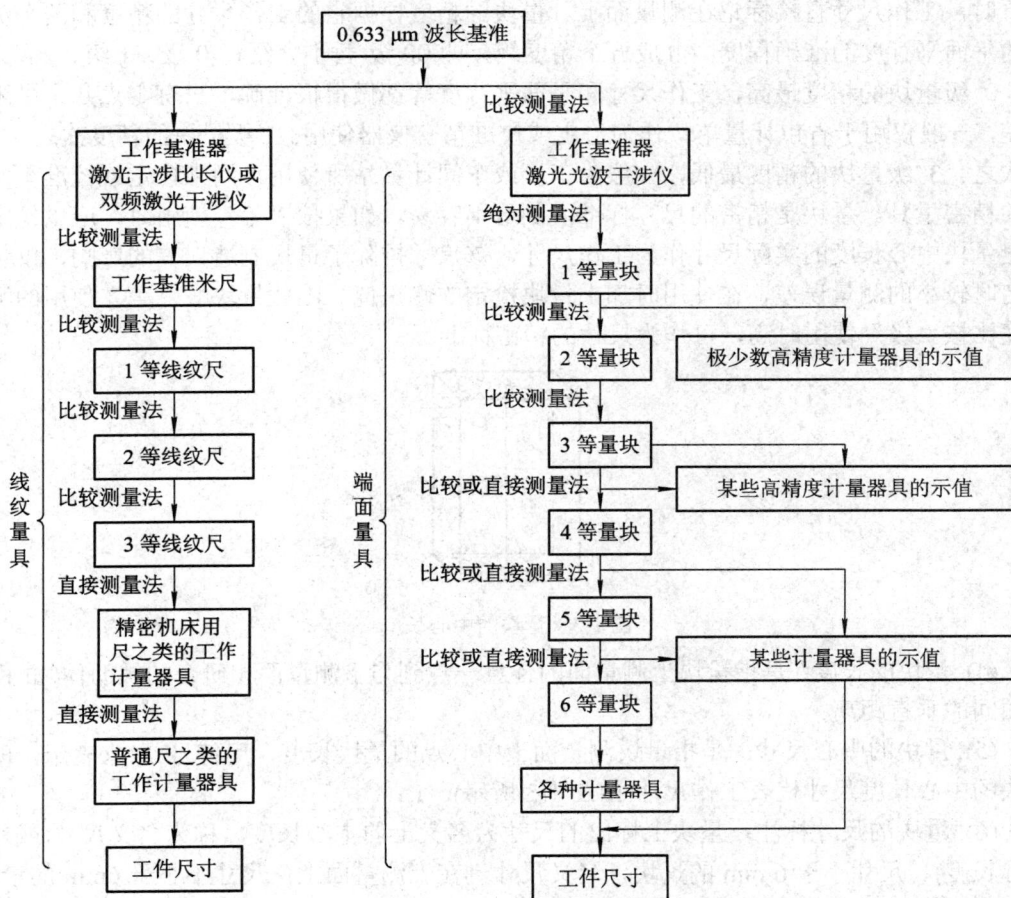

图 1-1　长度尺寸的传递系统

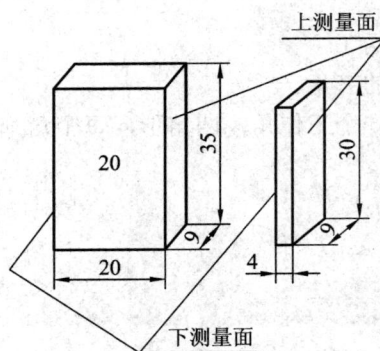

图 1-2　量块

(3) 量块的中心长度(如图 1-3 所示)：由于两个测量面不是绝对平行的，因此量块的工作尺寸是指中心长度，即量块的一个测量面的中心(两个测量面对角线的交点的距离)至另一个测量面相黏合面(其表面质量与量块一致)的垂直距离。在每块量块上，都标记着它的工作尺寸：当量块尺寸等于或大于 6 mm 时，工作尺寸标记在非工作面上；当量块在 6 mm

以下时，工作尺寸直接标记在测量面上。量块的精度根据它的工作尺寸的精度和两个测量面的平面平行度的准确程度，分成五个精度级，即 00 级(暂不介绍)、0 级、1 级、2 级和 3 级。0 级量块的精度最高，工作尺寸和平面平行度等都做得很准确，只有零点几个微米的误差，一般仅用于省市计量单位作为检定或校准精密仪器使用。1 级量块的精度次之，2 级更次之。3 级量块的精度最低，一般为工厂或车间计量站所使用，用来检定或校准车间常用的精密量具。量块是精密的尺寸标准，制造不容易。如果按"等"使用时，应以检定后给出量块中心长度的实际尺寸作为工作尺寸，该尺寸排除了量块制造误差的影响，仅包含检定时较小的测量误差，在使用时加上量块检定的修正值。因此量块按"等"使用的测量精度比按"级"使用时高，可作为尺寸的精密标准。

图 1-3　量块的中心长度

(4) 量块的长度：是指量块上测量面的任意一点到与下测量面相研合的辅助体(如平晶)平面间的垂直距离。

(5) 量块的中心尺寸：是指量块测量面上中心点的量块长度，用符号 L 来表示，即用量块的中心长度尺寸代表工作尺寸(如图 1-3 所示)。

(6) 量块的尺寸标注：量块上标出的尺寸为名义上的中心长度，称为名义尺寸(或称为标称长度)。尺寸小于 6 mm 的量块，名义尺寸刻在上测量面上；尺寸不小于 6mm 的量块，名义尺寸刻在一个非测量面上，而且该表面的左右侧面分别为上测量面和下测量面。

(7) 量块的研合性(黏合性)：利用量块的研合性，就可以把各种尺寸不同的量块组合成量块组，得到所需要的各种尺寸。

(8) 角度量块(如图 1-4 所示)：

① 测量角：相邻两平面的夹角。

② 形状：三角形，只有一个工作角；四角形，每个角都是工作角。

图 1-4　角度量块

(二) 成套量块和量块尺寸的组合

量块是成套供应的，并每套装成一盒。每盒中有各种不同尺寸的量块，其尺寸编组有一定的规定。常用成套量块的块数和每块量块的尺寸，如表 1-1 所示。

表 1-1　成套量块的编组

套别	总块数	精度级别	尺寸系列/mm	间隔/mm	块数
1	91	00、0、1	0.5	—	1
			1	—	1
			1.001～1.009	0.001	9
			1.01～1.49	0.01	49
			1.5～1.9	0.1	5
			2.0～9.5	0.5	16
			10～100	10	10
2	83	00、0、12(3)	0.5	—	1
			1	—	1
			1.005	—	1
			1.01～1.49	0.01	49
			1.5～1.9	0.1	5
			2.0～9.5	0.5	16
			10～100	10	10
3	46	0、1、2	1	—	1
			1.001～1.009	0.001	9
			1.01～1.09	0.01	9
			1.1～1.9	0.1	9
			2～10	1	8
			20～100	10	8
4	38	0、1、2(3)	1	—	1
			1.005	—	1
			1.01～1.09	0.01	9
			1.1～1.9	0.1	9
			2～10	1	9
			20～100	10	8

　　在总块数为 83 块和 38 块的两盒成套量块中，有时带有 4 块护块，所以每盒成为 87 块和 42 块了。护块即保护量块，主要是为了减少常用量块的磨损，在使用时可放在量块组的两端，以保护其他量块。

　　每块量块只有一个工作尺寸。但由于量块的两个测量面做得十分准确而光滑，具有可黏合性。即将两块量块的测量面轻轻地推合后，这两块量块就能黏合在一起，不会自己分开，好像一块量块一样。由于量块具有可黏合性，每块量块只有一个工作尺寸的缺点就克服了。利用量块的可黏合性，就可组成各种不同尺寸的量块组，大大扩大了量块的应用范围。但为了减少误差，组成量块组的块数最好不超过 4～5 块。

　　为了使量块组的块数为最小值，在组合时就要根据一定的原则来选取块规尺寸，即先选择能去除最小位数的尺寸的量块。例如，若要组成 87.545 mm 的量块组，在 83 块的成套块中，其量块尺寸的选择方法如下：

量块组的尺寸——87.545 mm。

选用的第一块量块尺寸——1.005 mm。

剩下的尺寸——86.54 mm。

选用的第二块量块尺寸——1.04 mm。

剩下的尺寸——85.5 mm。

选用的第三块量块尺寸——5.5 mm。

剩下的即为第四块尺寸——80 mm。

所有尺寸——1.005 + 1.04 + 5.5 + 80 = 87.545 mm。

量块是很精密的量具，使用时必须注意以下几点：

(1) 量块使用前，先在汽油中洗去防锈油，再用清洁的麂皮或软绸擦干净。不要用棉纱头去擦量块的工作面，以免损伤量块的测量面。

(2) 清洗后的量块，不要直接用手去拿，应当用软绸衬起来拿。若必须用手拿量块，则应把手洗干净，并且要拿在量块的非工作面上。

(3) 把量块放在工作台上时，应使量块的非工作面与台面接触。不要把量块放在蓝图上，因为蓝图表面有残留化学物，会使量块生锈。

(4) 不要使量块的工作面与非工作面进行推合，以免擦伤测量面。

(5) 量块使用后，应及时在汽油中清洗干净，用软绸擦干后，涂上防锈油，放在专用的盒子里。若需要经常使用，可在洗净后不涂防锈油，放在干燥缸内保存。绝对不允许将量块长时间黏合在一起，以免由于金属黏结而引起不必要损伤。

(三) 量块附件

为了扩大量块的应用范围，便于各种测量工作，可采用成套的量块附件。在量块附件中，有不同长度的夹持器和各种测量用的量爪，如图1-5(a)所示。量块组与量块附件装置，可用于校准量具尺寸(如内径百分尺的校准)，测量轴径、孔径、高度和划线等，如图1-5(b)所示。

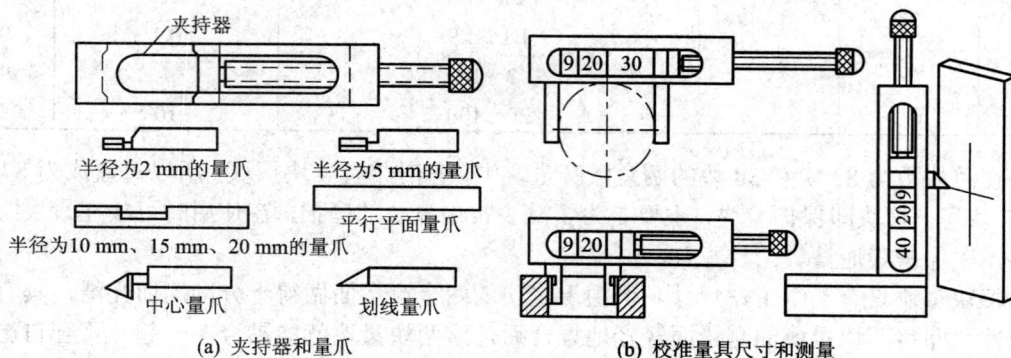

(a) 夹持器和量爪　　　　　　　(b) 校准量具尺寸和测量

图 1-5　量块的附件及其使用

三、测量器具的分类

测量器具是测量仪器和测量工具的总称。测量器具按其测量原理、结构特点及用途分为以下四类。

(一) 标准量具

以固定形式复现量值的计量器具称为标准量具，一般结构比较简单，没有传动放大系统。量具有的可以单独使用，有的可以与其他计量器具配合使用。量具又可分为单值量具和多值量具两种。单值量具是用来复现单一量值的量具，又称为标准量具，如量块、线纹尺、直角尺等。多值量具是用来复现一定范围内的一系列不同量值的量具，又称为通用量具。通用量具按其结构特点划分有：固定刻线量具(如游标卡尺、万能角度尺等)、螺旋测微量具(如内、外径千分尺和螺纹千分尺等)。对于成套的量块又称为成套量具，通常用来校对和调整其他测量器具或者作为标准量与被测工件进行比较。

(二) 量规

量规是指没有刻度的专用计量器具，用于检验零件要素的实际尺寸及形状、位置的实际情况所形成的综合结果是否在规定的范围内，从而判断零件被测的几何量是否合格。量规的检验不能获得被测几何量的具体数值。例如，用光滑极限量规检验光滑圆柱形工件的合格性、用螺纹量规综合检验螺纹的合格性等。

(三) 量仪

量仪是能将被测几何量的量值转换成可直接观察的指示值或等效信息的计量器具。量仪一般具有传动放大系统。按原始信号转换的原理不同，量仪又可分为以下四种：

(1) 机械式量仪。机械式量仪是指用机械方法实现信号转换的量仪，如指示表、杠杆比较仪和扭簧比较仪等。这种量仪结构简单，性能稳定，使用方便，因而应用广泛。

(2) 光学式量仪。光学式量仪是指用光学方法实现原始信号转换的量仪，具有放大功能的光学放大系统。例如，万能测长仪、立式光学计、大中型工具显微镜、干涉仪等。这种量仪精度高，性能稳定。

(3) 电动式量仪。电动式量仪是指将原始信号转换成电量信息输出的量仪。这种量仪具有放大和运算电路，可将测量结果用指示表或记录器显示出来。例如，电感式测微仪、电容式测微仪、电动轮廓仪、圆度仪等。这种量仪精度高，易于实现数据自动化处理和显示，还可实现计算机辅助测量和检测自动化。

(4) 气动式量仪。气动式量仪是指以压缩空气为介质，通过其流量或压力的变化来实现原始信号转换的量仪。例如，水柱式气动仪、浮标式气动仪等。这种量仪结构简单，可进行远距离测量，也可对难以用其他计量器具测量的部位(如深孔部位)进行测量；但示值范围小，对不同的被测参数需要不同的测头。

(四) 计量装置

计量装置是指为确定被测几何量值所必需的计量器具和辅助设备的总体。它能够测量较多的几何量和较复杂的零件，有助于实现检测自动化或半自动化，一般用于大批量生产中，以提高检测效率和检测精度。

四、常用量具和测量方法的分类

(一) 测量中常用量具和量仪

常用的量具和量仪有以下几种:

(1) 游标类量具: 它是利用游标读数原理制成的一种常用量具。将主尺刻度($n-1$)格宽度等于游标刻度 n 格的宽度, 使游标一个刻度间距与主尺一个刻度间距相差一个读数值。游标量具的分度值有: 0.1 mm、0.05 mm、0.02 mm 三种。

(2) 螺旋测微类量具: 它是利用螺旋副测微原理进行测量的一种量具。根据不同用途螺旋测微类量具, 可分为外径千分尺、公法线千分尺、深度千分尺等。

(3) 机械类量仪: 此类量仪是以杠杆、齿轮、扭簧等机械零件组成的传动部件, 将测量杆微小的直线位移传动放大, 转变为指针的角位移, 最后由指针在刻度盘上指出示值。机械量仪种类很多, 主要有百分表、杠杆百分表、内径百分表、杠杆式卡规等。

(4) 光学类量仪: 利用光学原理制成的光学量仪, 在长度测量中应用比较广泛的有光学投影仪、卧式测长仪等。此类仪器的工作原理是利用光学透镜将被测零件放大投影在投影屏上, 再通过投影屏上的指标线瞄准被测零件的轮廓像, 由坐标读数系统读出各被测点的坐标值。

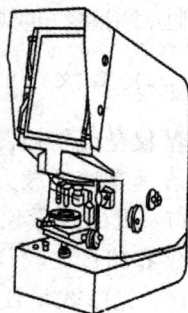

图 1-6 台式投影仪

光学投影仪检验效率高, 使用方便, 特别适合各类样板、仪表盘等形状复杂的两维零件的尺寸、角度测量, 因而被广泛应用于计量室、生产车间。尤其适用于仪器仪表和制表行业。图 1-6 为常见的台式投影仪。

卧式测长仪是长度计量中应用广泛的光学计量仪器之一。因其设计符合阿贝原理, 又称为阿贝测长仪。卧式测长仪不仅能测量外尺寸, 还能进行各种内尺寸的测量, 如内孔的直径、内螺纹中径等。由于该仪器测量精度高, 因而在精密测量中应用广泛。卧式测长仪如图 1-7 所示。机械式比较仪如图 1-8 所示。

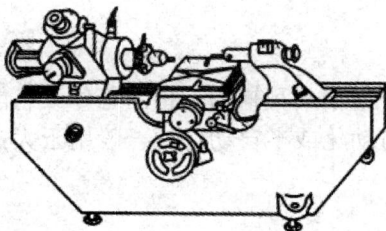

图 1-7 卧式测长仪

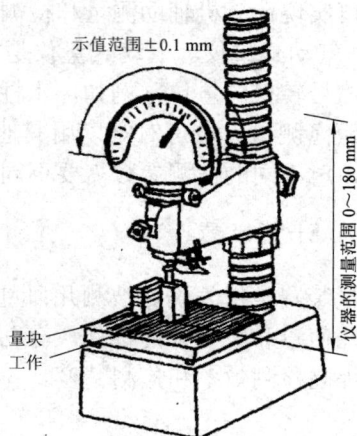

示值范围±0.1 mm

仪器的测量范围 0~180 mm

量块
工作

图 1-8 机械式比较仪

(5) 电动类量仪：是将被测尺寸转变为电信号来实现长度尺寸测量的仪器。电动量仪一般由测量装置(或传感装置)、电器装置和显示装置三部分组成。常用的有电动测微仪、电动轮廓仪及圆度仪等。

圆度仪是测量工件圆度误差的专用测量仪器，仪器精度高主轴下端装有一电感传感器。测量时，工件不动，传感器测头绕主轴轴线做匀速回转运动，它在回转中描述的轨迹是一个理想的标准圆。工件的实际轮廓与此理想圆进行比较，其半径变化量转变为电信号，经由电路后，由记录器描绘出被测量的工件的实际轮廓的图形，也可由计算机给出测量结果。HYQ014A型圆度仪如图1-9所示。

(6) 角度类量具：应用较广泛的有水平仪、万能角尺、正弦规等。水平仪一般用于测量水平面或垂直面上的微小角度，在实际工作中，主要用于测量机床导轨在垂直平面内的直线度、工作台的平面度、零部件间的垂直度和平行度等，是机床装配和修理中最基本的测量仪器。水平仪的基本元件是水准泡。

常用的水平仪有条形水平仪、框式水平仪和合像水平仪。三种水平仪的外形结构分别如图1-10～图1-12所示。

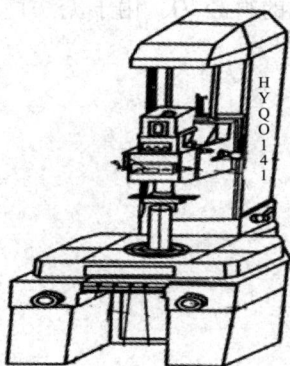

图1-9　HYQ01A4型圆度仪

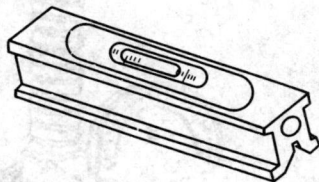

图1-10　条形水平仪

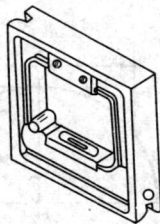

图1-11　框式水平仪

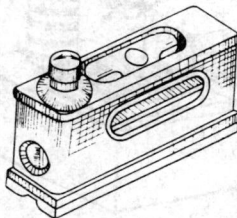

图1-12　合像水平仪

(二) 测量方法的分类

广义的测量方法是指测量时所采用的测量器具和测量条件的总体。而在实际工作中往往从获得测量结果的方式来理解测量方法，即按照不同的出发点，测量方法有各种不同的分类：

(1) 根据所测的几何量是否为要求被测几何量，测量方法可分为直接测量和间接测量，其分述如下：

　　① 直接测量：被测量能直接从测量器具上获得的测量方法。直接测量又分为绝对测量和相对测量。

　　A．绝对测量是指测量时从测量器具上直接读取被测量值的测量方法。例如，用游标卡尺测量轴径尺寸。

　　B．相对测量(又称为比较测量或微差测量)是指将被测量与同它只有微小差别的已知同种量(一般为标准量)相比较，通过测量这两个量值之间的差值以确定被测量值。例如，用如图 1-13 所示的机械式比较仪测量轴径，测量时先用量块调整零位，再将轴径放在工作台上测量。此时指示出的示值是被测轴径相对于标准量(量块尺寸)的偏差值(微差 Δx 如图 1-13 所示)，即轴径的尺寸等于量块的尺寸与微差的代数和(微差可以为正或负)。

　　② 间接测量：通过测量与被测参数有函数关系的其他量而得到被测参数值的测量方法。图 1-14 所示零件显然无法直接测量出圆的直径 D。但可通过测量弦长 b 以及相应的弦高 h 并根据如下的关系式计算出其直径 D，有

$$D = h + \frac{b^2}{4h}$$

　　例如，在测量一个截面为圆的劣弧的几何量所在圆的直径 D。由于无法直接测量，可以间接测量圆的直径(如图 1-14 所示)：

　　A．测出该劣弧的弦长 b 以及相应的弦高 h。

　　B．通过公式 $D = h + b^2/4h$ 计算出其直径 D。

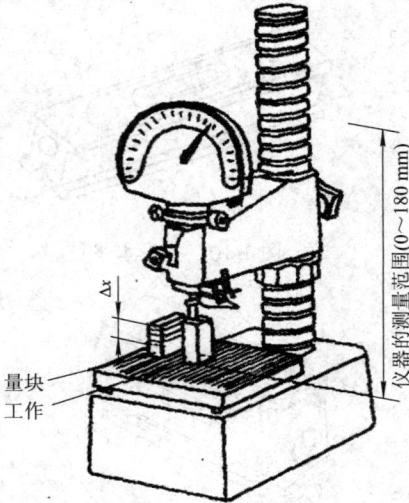

图 1-13　用机械式比较仪测量轴径

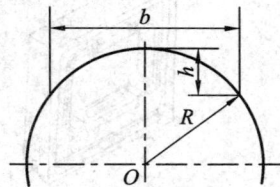

图 1-14　间接测量圆的直径

　　(2) 按被测参数，可以分综合测量和单项测量，其分述如下：

　　① 综合测量：同时测量工件上几个相关参数，综合判断工件是否合格。

　　② 单项测量：测量工件的单项参数，它们没有直接联系。

　　(3) 按被测零件的表面与测头是否有机械接触，分为接触测量与非接触测量。

　　① 接触测量：被测零件表面与测量头有机械接触，并有机械作用的测量力存在。

　　② 非接触测量：被测零件表面与测量头没有机械接触，如光学投影测量、光切显微镜等。

　　(4) 按测量技术在制造工艺中所起的作用，可以分主动测量与被动测量。

① 主动测量：零件在加工过程中进行的测量。这种测量方法可以直接控制零件在加工过程，能及时防止零件报废。

② 被动测量：零件加工完毕后所进行的测量，这种测量方法仅能发现和剔除废品。

(5) 根据测量时工件是否运动，测量方法可分静态测量和动态测量。

① 静态测量：在测量过程中，工件被测表面与计量器具的测量元件处于相对静止状态，被测量的量值是固定的。例如，用游标卡尺测量轴径。

② 动态测量：在测量过程中，工件被测表面与计量器具的测量元件处于相对运动状态，被测量的量值是变动的。例如，用读数显微镜测量丝杠的定位精度、用偏摆检查仪测量跳动误差等。动态测量可测出工件某些参数连续变化的情况，经常用于测量工件的运动精度参数。

五、测量误差及测量不确定度

在进行测量时，总会有误差，这是由于测量设备、环境、人员、方法等不理想，使得测量结果与真值间有一定的差异。随着科学技术的发展，测量误差可以愈来愈小，但仍然还有误差。

误差及其概率分布如图 1-15 所示：被测量值为 y，其真值为 t，第 i 次测量所得的观察值或测得值为 y_i。由于误差的存在使测得值与真值不能重合，设测得值呈正态分布 $N(\mu, \sigma)$，则分布曲线在数轴上的位置(即 μ 值)决定了系统误差的大小，曲线的形状(按 σ 值)决定了随机误差的分布范围($\mu-k\sigma$, $\mu+k\sigma$)及其范围内取值的概率。由图 1-15 可见，误差和它的概率分布密切相关，即误差可以用概率论和数理统计的方法来恰当处理。实际上，误差可表示为

误差 = 测得值 − 真值 = (测得值 − 总体均值) + (总体均值 − 真值)
　　　= 随机误差 + 系统误差

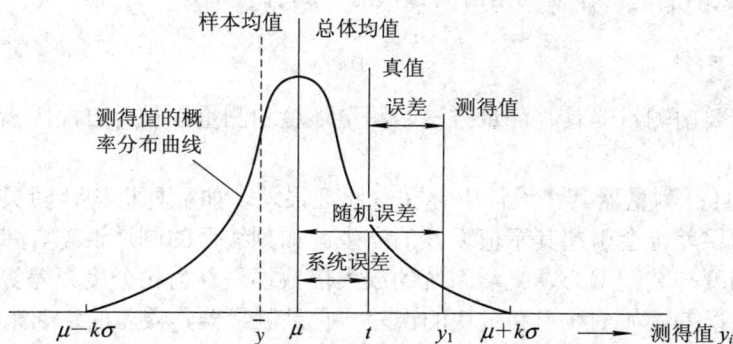

图 1-15　误差及其概率分布

因此，任意一个误差 Δi 均可分解为系统误差 ε_i 和随机误差 δ_i 的代数和，可用 $\Delta i = \varepsilon_i + \delta_i$ 表示。实际上，测量结果的误差往往是由若干个分量组成的，这些分量按其特性均可分为随机误差和系统误差两大类(在实际测量中如发现结果属于粗大误差，即剔除不用)，而且无例外取各分量的代数和，换言之，测量误差的合成只用"代数和"方式。

(一) 测量不确定度概念

测量过程中有许多引起测量不确定度的因素，测量不确定度意味着对测量结果的正确性的可疑程度或者意味着对测量结果的准确性的可疑程度。测量不确定度是指表征合理地赋予被测量之值的分散性与测量结果相联系的参数，有时也简称为不确定度。可见不确定度是与测量结果紧密相关的，它是用于说明测量结果的质量优劣的一个表示值。它们可能来自几个方面：① 对被测量的定义不完整或不完善；② 实现被测量的定义方法不理想；③ 取样的代表性不够，即被测量的样本不能代表所定义的被测量；④ 对被测量过程受环境影响的认识不周全，或对环境条件的测量与控制不完善；⑤ 对模拟仪器的读数存在人为偏差；⑥ 测量仪器的分辨力或鉴别力不够；⑦ 赋予计量标准的值和标准物质的值不准；⑧ 引用数据计算的常量和其他参数量不准；⑨ 测量方法和测量程序的近似性和假定性；⑩ 在表面上看来完全相同的条件下，被测量重复观测值的变化。

由此可见，测量不确定度一般来源于随机性和模糊性，前者归因于条件不充分，后者归因于事物本身概念不明确。因而测量不确定度一般由许多分量组成，其中一些分量具有统计性，另一些分量具有非统计性。所有这些不确定度因素，若影响到测量结果，都会增加测量结果的分散性。

由于这些不确定度因素的综合效应，使测量结果的可能值服从某种概率分布。可以用概率分布的标准(偏)差来表示测量不确定度，它表示测量结果的分散性。也可以用标准(偏)差的倍数或具有一定置信概率的区间的半宽度来表示测量不确定度。

(二) 测量误差定义

测量误差是指被测量的测得值 x 与其真值 x_0 之差，即 $\Delta = x - x_0$。由于真值是不可能确切获得的，因而上述用于测量误差的定义也是理想概念。在实际工作中往往将比被测量值的可信度(精度)更高的值，作为其当前测量值的"真值"。

(三) 误差来源

测量误差主要由测量器具、测量方法、测量环境和测量人员等方面因素产生，其分述如下：

(1) 测量器具：测量器具在设计中存在着原理误差，如杠杆机构、阿贝误差等。制造和装配过程中的误差也会引起其示值误差的产生。如刻线尺的制造误差、量块制造与检定误差、表盘的刻度与装配偏心、光学系统的放大倍数误差、齿轮分度误差等。其中，最重要的是基准件的误差，如刻线尺和量块的误差，它是测量器具误差的主要来源。

(2) 测量方法：间接测量法产生的误差是指因采用近似的函数关系原理而产生的误差或多个数据经过计算后的累积误差。

(3) 测量环境：测量环境主要包括温度、气压、湿度、振动、空气质量等因素。在一般测量过程中，温度是最重要的因素。测量温度对标准温度(+20℃)的偏离、测量过程中温度的变化以及测量器具与被测件的温差等都将产生测量误差。

(4) 测量人员：测量人员引起的误差主要由视差、估读误差、调整误差等引起，它的大小取决于测量人员的操作技术和其他主观因素。

(四) 误差分类及减少其影响的方法

测量误差按其产生的原因、出现的规律及其对测量结果的影响，可以分为系统误差、随机误差和粗大误差，其分述如下：

(1) 系统误差：在规定条件下，绝对值和符号保持不变或按某一确定规律变化的误差，称为系统误差。其中，绝对值和符号不变的系统误差为定值系统误差，按一定规律变化的系统误差为变值系统误差。

系统误差大部分能通过修正值或找出其变化规律后加以消除。例如，经检定后得到的量块中心长度的修正值，测量角度的仪器中光学度盘安装偏心形成的按正弦曲线规律变化的角度示值误差等。有些系统误差无法修正，如温度有规律变化造成的测量误差。

(2) 随机误差：在规定条件下，绝对值和符号以不可预知的方式变化的误差，称为随机误差。就某一次测量而言，随机误差的出现无规律可循，因而无法消除。但若进行多次等精度重复测量，则与其他随机事件一样具有统计规律的基本特性，可以通过分析，估算出随机误差值的范围。

随机误差主要由温度波动、测量力变化、测量器具传动机构不稳、视差等各种随机因素造成，虽然无法消除，但只要认真仔细地分析产生的原因，还是能减少其对测量结果的影响。

(3) 粗大误差：明显超出规定条件下预期的误差，称为粗大误差。粗大误差是由某种非正常的原因造成的，如读数错误、温度的突然大幅度变动、记录错误等。该误差可根据误差理论，按一定规则予以剔除。

(五) 测量误差和测量不确定度的区别和联系

需要明确的是测量不确定度与误差二者之间概念上的差异。测量不确定度表征被测量的真值所处量值范围的评定。它按某一置信概率给出真值可能落入的区间，可以是标准差或其倍数，或是说明了置信水准区间的半宽。它不是具体的真误差，只是以参数形式定量表示了无法修正的那部分误差范围。它来源于随机效应和系统效应的不完善修正，是用于表征合理赋予的被测量值的分散性参数。

不确定度按其获得方法分为 A、B 两类评定分量：① A 类评定分量是对一系列测量值进行统计分析做出的不确定度评定；② B 类评定分量是依据经验或其他信息进行估计，并假定存在近似的"标准偏差"所表征的不确定度分量。

误差是客观存在的，它应该是一个确定的值，但由于在绝大多数情况下，真值是不知道的，因此真误差也无法准确知道。我们只是在特定的条件下寻求最佳真值的近似值，并称之为约定真值。

由于测量过程的不完善而产生的测量误差，将导致测得值的分散度不确定。因此，在测量过程中，正确分析测量误差的性质及其产生的原因，对测得值进行必要的数据处理，获得满足一定要求置信水平的测量结果，是十分重要的。

六、测量数据的处理

在修正了已定系统误差和剔除了粗大误差以后，测得值中仍含有随机误差和部分系统误差，还需估算其测量误差的大小，评定测得值的不确定度，知道测得值及该测得值的变化范围(可信程度)，才能获得完整的测量结果。

(一) 测量不确定度的评定

用标准偏差表示测量结果的不确定度，称为标准不确定度。按照评定方法不同，它可分为两类：① 用对观测列进行统计分析来评定标准不确定度，称为不确定度 A 类评定，有时也称 A 类不确定度评定。通过统计分析观测列的方法，对标准不确定度进行的评定，所得到的相应的标准不确定度称为 A 类不确定度分量，用符号 u_A 表示。② 用不同于对观测列进行统计分析的方法来评定标准不确定度，称为不确定度 B 类评定，有时也称 B 类不确定度评定。这是用不同于对测量样本统计分析的其他方法进行的标准不确定度的评定，所得到的相应的标准不确定度称为 B 类不确定度分量，用符号 u_B 表示。A、B 两类评定分述如下：

(1) A 类评定：由统计理论可知，随机变量期望值的最佳估计值是 n 次测得值 x_i 的算术平均值 $\bar{x}$，有

$$\bar{x} = \frac{1}{n}\sum_{i=1}^{n} x_i$$

该组测得实验标准偏差的估算值 S 为

$$S = \sqrt{\frac{\sum_{i=1}^{n}(x_i - \bar{x})}{n-1}}$$

其标准不确定度为

$$u_A = \frac{S}{\sqrt{n}}$$

(2) B 类评定：在多数实际测量工作中，不能或不需进行多次重复测量，则其不确定度只能用非统计分析的方法进行 B 类评定。B 类评定需要依据有关的资料做出科学的判断。这些资料的来源有以前的测量数据、测量器具的产品说明书、检定证书、技术手册等。例如，由产品说明书查得某测量器具的不确定度为 6 μm，若期望得到按正态分布规律中 3 倍标准差的置信水准(99.73%)，则按 B 类评定时标准不确定度应取 $u_B = 6/3 = 2$ μm。

(二) 合成标准不确定度

在测量结果是由若干个其他量求得的情形下，测量结果的标准不确定度，等于这些其他量的方差和协方差适当和的正平方根，它被称为合成标准不确定度。合成标准不确定度是测量结果标准(偏)差的估计值，用符号 u_C 表示，即

$$u_C = \sqrt{u_A^2 + u_B^2}$$

合成标准不确定度仍然是标准(偏)差，它表征了测量结果的分散性。

七、基本测量原则

在实际测量中，对于同一被测量往往可以采用多种测量方法。为减小测量不确定度，

应尽可能遵守以下基本测量原则：

(1) 阿贝原则：要求在测量过程中被测长度与基准长度应安置在同一直线上的原则。若被测长度与基准长度并排放置，在测量比较过程中由于制造误差的存在，移动方向的偏移，两长度之间出现夹角而产生较大的误差。误差的大小除与两长度之间夹角大小有关外，还与其之间距离大小有关，距离越大，误差也越大。

(2) 基准统一原则：测量基准要与加工基准和使用基准统一。即工序测量应以工艺基准作为测量基准，终结测量应以设计基准作为测量基准。

(3) 最短链原则：在间接测量中，与被测量具有函数关系的其他量与被测量形成测量链。形成测量链的环节越多，被测量的不确定度越大。因此，应尽可能减少测量链的环节数，以保证测量精度。

当然，按此原则最好不采用间接测量，而采用直接测量。所以，只有在不可能采用直接测量或直接测量的精度不能保证时，才采用间接测量。

应该以最少数目的量块组成所需尺寸的量块组，就是最短链原则的一种实际应用。

(4) 最小变形原则：测量器具与被测零件都会因实际温度偏离标准温度和受力(重力和测量力)而产生变形，形成测量误差。

在测量过程中，控制测量温度及其变动、保证测量器具与被测零件有足够的等温时间、选用与被测零件线胀系数相近的测量器具、选用适当的测量力并保持其稳定、选择适当的支撑点等，都是实现最小变形原则的有效措施。

八、计量器具的基本计量参数

计量器具的基本计量参数是表征计量器具性能和功用指标，也是选择和使用计量器具的主要依据，如图 1-16 所示。其基本计量参数如下：

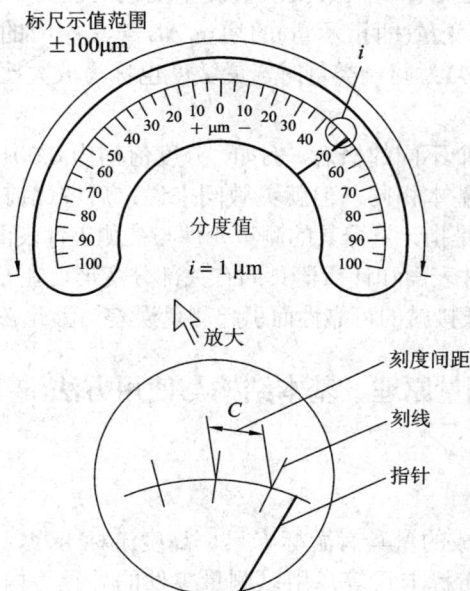

图 1-16   计量器具的基本计量参数

(1) 刻度间距(隔)C。刻度间距 C 是指标尺或刻度盘上两相邻刻线中心的距离(或圆周弧长),如图 1-16 所示。一般刻线间距在 1 mm～2.5 mm 之间,刻度间距太小,会影响估读精度;刻度间距太大,会加大读数装置的轮廓尺寸。

(2) 分度值(刻度值、精度值)i 如图 1-16 所示。分度值又称为刻度值,是指标尺或刻度盘上每一刻度间距所代表的量值。常用的分度值有 0.1 mm、0.05 mm、0.02 mm、0.01 mm、0.002 mm 和 0.001 mm 等。一般来说,分度值越小,计量器具的精度越高。

(3) 标尺的示值范围如图 1-16 所示。示值范围是指计量器具标尺或刻度盘所指示的起始值到终止值的范围。

(4) 测量范围。测量范围是指计量器具能够测出的被测尺寸的最小值到最大值的范围,如千分尺的测量范围就有 0～25 mm,25 mm～50 mm,50 mm～75 mm,75 mm～100 mm 等多种。

图 1-16 以机械式比较仪为例说明了以上 4 个参数。该量仪的刻度间距是图 1-16 中两条相邻刻线间的距离 C,分度值为 1 μm,即 0.001 mm,标尺的示值范围为 ±100 μm,测量范围如图 1-13 中标注所示,其数值一般为 0～180 mm。

(5) 示值误差。示值误差是指计量器具的指示表与被测尺寸真值之差。示值误差由仪器设计原理误差、分度误差、传动机构的失真等因素产生,可通过对计量器具的校验测得。

(6) 示值稳定性。在工作条件一定的情况下,对同一参数进行多次测量所得示值的最大变化范围称为示值的稳定性,又可称为测量的重复性。

(7) 校正值。校正值又称为修正值。为消除示值误差所引起的测量误差,常在测量结果中加上一个与示值误差大小相等符号相反的量值,这个量值就称为校正值。

(8) 灵敏阀。能够引起计量器具示值变动的被测尺寸的最小变动量称为该计量器具的灵敏阀。灵敏阀的高低取决计量器具自身的反应能力。灵敏阀又称为鉴别力。

(9) 灵敏度。灵敏度是指计量器具反映被测量变化的能力。对于给定的被测量值,计量器具的灵敏度用被观察变量(即指示量)的增量 ΔL 与其相应的被测量的增量 ΔX 之比表示,即 $\Delta L/\Delta X$。当 ΔL 与 ΔX 为同一类量时,灵敏度也称为放大比,它等于刻度间距与分度值之比。

灵敏度和灵敏阀是两个不同的概念。例如,分度值均为 0.001 mm 的齿轮式千分表与扭簧比较仪,它们的灵敏度基本相同,但就灵敏阀来说,后者比前者高。

(10) 测量力。测量力是指计量器具的测量元件与被测工件表面接触时产生的机械压力。测量力过大会引起被测工件表面和计量器具的有关部分变形,在一定程度上降低测量精度;但测量力过小,也可能降低接触的可靠性而引起测量误差。因此必须合理控制测量力大小。

九、常用测量器具的测量原理、基本结构与使用方法

(一) 游标读数量具

应用游标读数原理制成的量具有游标卡尺、高度游标卡尺、深度游标卡尺、游标量角尺(如万能量角尺)和齿厚游标卡尺等,用以测量零件的外径、内径、长度、宽度、厚度、高度、深度、角度以及齿轮的齿厚等,应用范围非常广泛。

1) 游标卡尺的结构形式

游标卡尺是一种常用的量具，具有结构简单、使用方便、精度中等和所测量的尺寸范围大等特点，可以用它来测量零件的外径、内径、长度、宽度、厚度、深度和孔距等，应用范围很广。游标卡尺有以下三种结构形式：

(1) 测量范围为 0～125 mm 的游标卡尺，制成带有刀口形的上下量爪和带有深度尺的形式，如图 1-17 所示。

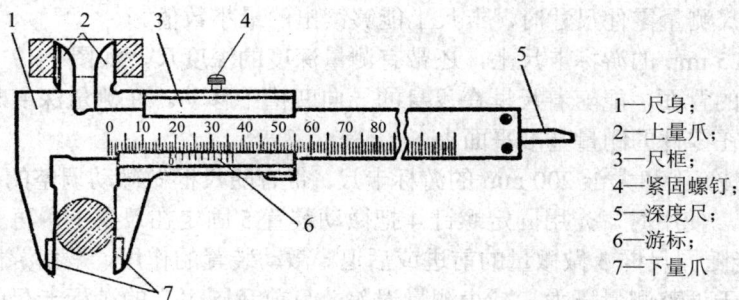

1—尺身；
2—上量爪；
3—尺框；
4—紧固螺钉；
5—深度尺；
6—游标；
7—下量爪

图 1-17　游标卡尺的结构形式之一

(2) 测量范围为 0～200 mm 和 0～300 mm 的游标卡尺，可制成带有内外测量面的下量爪和带有刀口形的上量爪的形式，如图 1-18 所示。

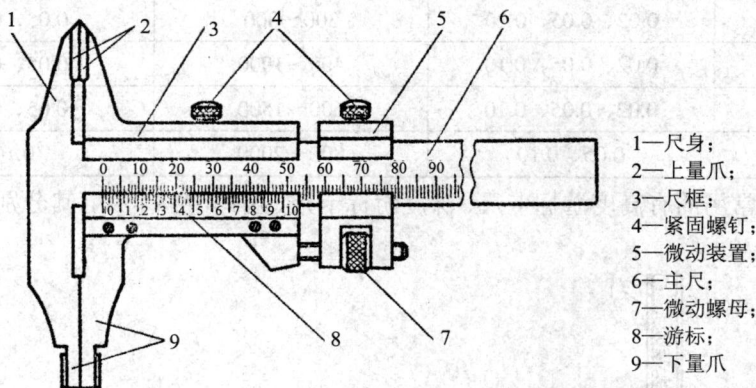

1—尺身；
2—上量爪；
3—尺框；
4—紧固螺钉；
5—微动装置；
6—主尺；
7—微动螺母；
8—游标；
9—下量爪

图 1-18　游标卡尺的结构形式之二

(3) 测量范围为 0～200 mm 和 0～300 mm 的游标卡尺，也可制成只带有内外测量面的下量爪的形式，如图 1-19 所示。而测量范围大于 300 mm 的游标卡尺，只制成这种仅带有下量爪的形式。

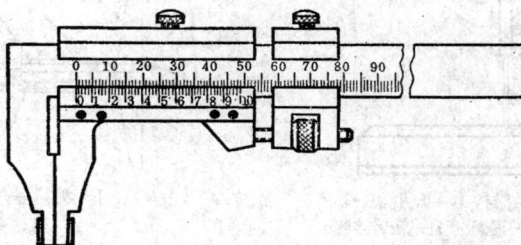

图 1-19　游标卡尺的结构形式之三

2) 游标卡尺的主要组成部分

游标卡尺的主要组成部分如下:

(1) 具有固定量爪的尺身,如图 1-17 所示的 1。尺身上有类似钢尺一样的主尺刻度,如图 1-18 所示的 6。主尺上的刻线间距为 1 mm。主尺的长度取决于游标卡尺的测量范围。

(2) 具有活动量爪的尺框,如图 1-17 所示的 3。尺框上有游标,如图 1-18 所示的 8,游标卡尺的游标读数值可制成为 0.1 mm、0.05 mm 和 0.02 mm 的三种。游标读数值是指在使用这种游标卡尺测量零件尺寸时,卡尺上能够读出的最小数值。

(3) 在 0~125 mm 的游标卡尺上,还带有测量深度的深度尺,如图 1-17 所示的 5。深度尺固定在尺框的背面,能随着尺框在尺身的导向凹槽中移动。在测量深度时,应把尺身尾部的端面靠紧在零件的测量基准平面上。

(4) 测量范围等于和大于 200 mm 的游标卡尺,带有随尺框做微动调整的微动装置,如图 1-18 所示的 5。使用时,先用固定螺钉 4 把微动装置 5 固定在尺身上,再转动微动螺母 7,活动量爪就能随同尺框 3 做微量的前进或后退。微动装置的作用,是使游标卡尺在测量时用力均匀,便于调整测量压力,减少测量误差。目前我国生产的游标卡尺的测量范围及其游标读数值如表 1-2 所示。

表 1-2　游标卡尺的测量范围和游标卡尺读数值　　（单位为 mm）

测量范围	游标读数值	测量范围	游标读数值
0~25	0.02、0.05、0.10	300~800	0.05、0.10
0~200	0.02、0.05、0.10	400~1000	0.05、0.10
0~300	0.02、0.05、0.10	600~1500	0.05、0.10
0~500	0.05、0.10	800~2000	0.10

此外,比较常用的有高度游标卡尺、深度游标卡尺、齿厚游标卡尺,其分别如图 1-20~图 1-22 所示。

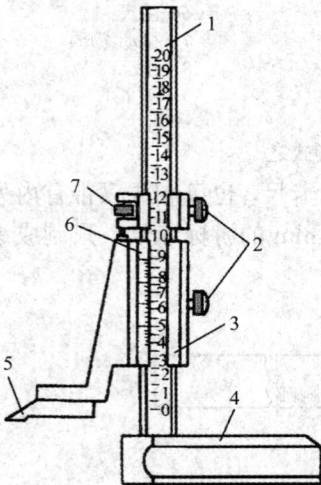

1—主尺;2—紧固螺钉;3—尺框;
4—基座;5—量爪;6—游标;7—微动装置

图 1-20　高度游标卡尺

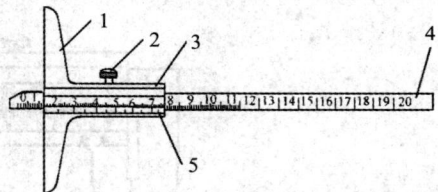

1—测量基座;2—紧固螺钉;
3—尺框;4—尺身;5—游标

图 1-21　深度游标卡尺

(a) 测量齿轮　　　　　　　　　(b) 测量蜗杆

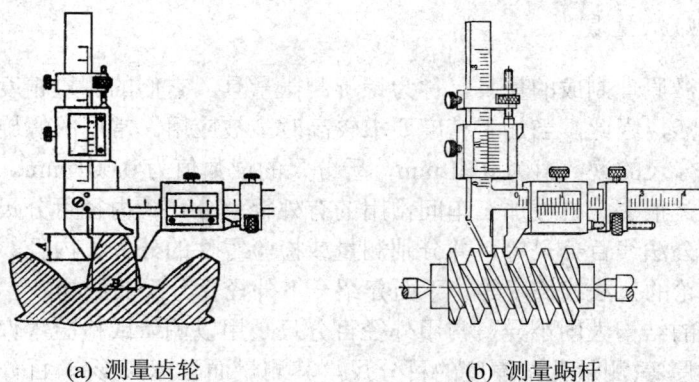

图 1-22　齿厚游标卡尺测量齿轮与蜗杆

　　以上所介绍的各种游标卡尺都存在一个共同的问题，就是读数不很清晰，容易读错，有时不得不借放大镜将读数部分放大。现有游标卡尺采用无视差结构，使游标刻线与主尺刻线处在同一平面上，消除了在读数时因视线倾斜而产生的视差；有的卡尺装有测微表成为带表卡尺(如图 1-23 所示)，便于读数准确，提高了测量精度；更有一种带有数字显示装置的游标卡尺(如图 1-24 所示)，这种游标卡尺在零件表面上量得尺寸时，就直接用数字显示出来，其使用极为方便。

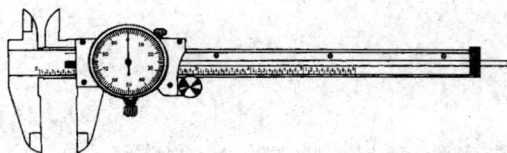

图 1-23　带表卡尺　　　　　　　图 1-24　数字显示装置的游标卡尺

带表卡尺的规格如表 1-3 所示。数字显示游标卡尺的规格如表 1-4 所示。

表 1-3　带表卡尺规格　　　　　　　　　　(单位为 mm)

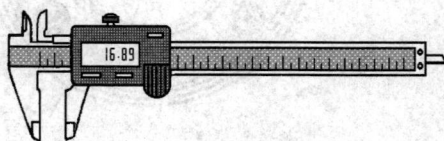

测量范围	指示表读数值	指示表示值误差范围
0～150	0.01	1
0～200	0.02	1、2
0～300	0.05	5

表 1-4　数字显示游标卡尺

名　称	数显游标卡尺	数显高度尺	数显深度尺
测量范围/mm	0～150、0～200 0～300、0～500	0～300、0～500	0～200
分辨率/mm	0.01		
测量精度/mm	(0～200)0.03、(>200～300)0.04、(>300～500)0.05		
测量移动速度/(m/s)	1.5		
使用温度/℃	0～+40		

(二) 螺旋测微量具

应用螺旋测微原理制成的量具，称为螺旋测微量具。它们的测量精度比游标卡尺高，并且测量比较灵活，因此，当加工精度要求较高时多被应用。常用的螺旋读数量具有百分尺和千分尺。百分尺的读数值为 0.01 mm，千分尺的读数值为 0.001 mm。

百分尺的种类很多，机械加工车间常用的有外径百分尺、内径百分尺、深度百分尺以及螺纹百分尺和公法线百分尺等，并分别测量或检验零件的外径、内径、深度、厚度以及螺纹的中径和齿轮的公法线长度等。下面介绍一下外径百分尺的结构。

各种百分尺的结构大同小异，常用外径百分尺是用以测量或检验零件的外径、凸肩厚度以及板厚或壁厚等(测量孔壁厚度的百分尺，其测量面呈球弧形)。百分尺由尺架、测微头、测力装置和制动器等组成。图 1-25 是测量范围为 0～25 mm 的外径百分尺。

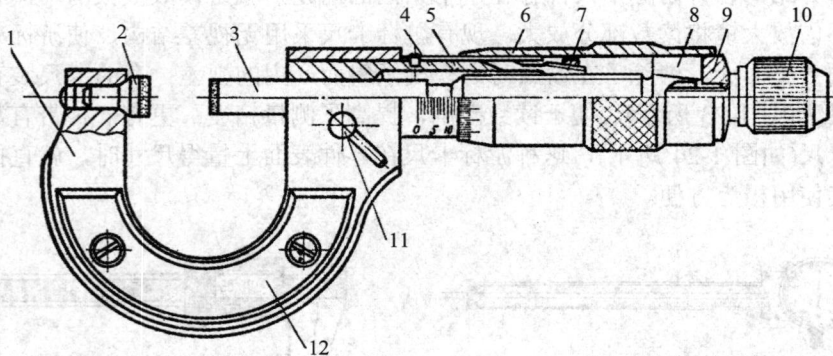

1—尺架；2—固定测砧；3—测微螺杆；4—螺纹轴套；5—固定刻度套筒；6—微分筒；
7—调节螺母；8—接头；9—垫片；10—测力装置；11—锁紧螺钉；12—绝热板

图 1-25　0～25 mm 的外径百分尺

百分尺的组成部分分述如下：

(1) 尺架 1 的一端装着固定测砧 2，另一端装着测微头。固定测砧和测微螺杆的测量面上都镶有硬质合金，以提高测量面的使用寿命。尺架的两侧面覆盖着绝热板 12，在使用百分尺时，手拿在绝热板上，防止人体的热量影响百分尺的测量精度。

(2) 百分尺的测微头。图 1-25 中的 3～9 是百分尺的测微头部分。带有刻度的固定刻度套筒 5 用螺钉固定在螺纹轴套 4 上，而螺纹轴套又与尺架紧密结合成一体。在固定套筒 5 的外面有一带刻度的活动微分筒 6，它用锥孔通过接头 8 的外圆锥面再与测微螺杆 3 相连。测微螺杆 3 的一端是测量杆，并与螺纹轴套上的内孔定心间隙配合；中间是精度很高的外螺纹，与螺纹轴套 4 上的内螺纹精密配合，可使测微螺杆自如旋转而其间隙极小；测微螺杆另一端的外圆锥与内圆锥接头 8 的内圆锥相配，并通过顶端的内螺纹与测力装置 10 连接。当测力装置的外螺纹旋紧在测微螺杆的内螺纹上时，测力装置就通过垫片 9 紧压接头 8，而接头 8 上开有轴向槽，有一定的胀缩弹性，能沿着测微螺杆 3 上的外圆锥胀大，从而使微分筒 6 与测微螺杆和测力装置结合成一体。当我们用手旋转测力装置 10 时，就带动测微螺杆 3 和微分筒 6 一起旋转，并沿着精密螺纹的螺旋线方向运动，使百分尺两个测量面之间的距离发生变化。

　　(3) 百分尺的测力装置如图 1-26 所示，其主要依靠一对棘轮 3 和 4 的作用。棘轮 4 与转帽 5 结合成一体，而棘轮 3 可压缩弹簧 2 在轮轴 1 的轴线方向移动，但不能转动。弹簧 2 的弹力是控制测量压力的，螺钉 6 使弹簧压缩到百分尺所规定的测量压力。当我们手握转帽 5 顺时针旋转测力装置时，若测量压力小于弹簧 2 的弹力，转帽的运动就通过棘轮传给轮轴 1(带动测微螺杆旋转)，使百分尺两测量面之间的距离继续缩短，即继续卡紧零件；当测量压力达到或略微超过弹簧的弹力时，棘轮 3 与 4 在其啮合斜面的作用下，压缩弹簧 2，使棘轮 4 沿着棘轮 3 的啮合斜面滑动，转帽的转动就不能带动测微螺杆旋转，同时发出嘎嘎的棘轮跳动声，表示已达到了额定测量压力，从而达到控制测量压力的目的。

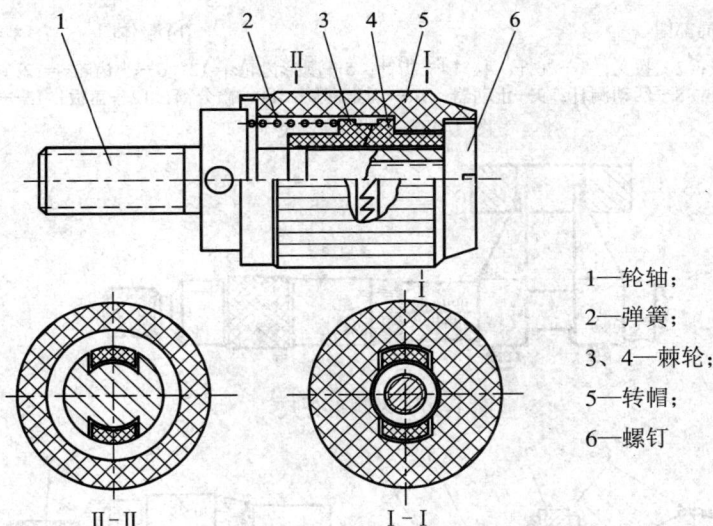

1—轮轴；
2—弹簧；
3、4—棘轮；
5—转帽；
6—螺钉

图 1-26　百分尺的测力装置

　　当转帽逆时针旋转时，棘轮 4 是用垂直面带动棘轮 3，不会产生压缩弹簧的压力，始终能带动测微螺杆退出被测零件。

　　(4) 百分尺的制动器，就是测微螺杆的锁紧装置，其结构如图 1-27 所示。制动轴 4 的圆周上，有一个开着深浅不均的偏心缺口，对着测微螺杆 2。当制动轴以缺口的较深部分对着测量杆时，测量杆 2 就能在轴套 3 内自由活动，当制动轴转过一个角度，以缺口的较浅部分对着测量杆时，测量杆就被制动轴压紧在轴套内不能运动，达到制动的目的。

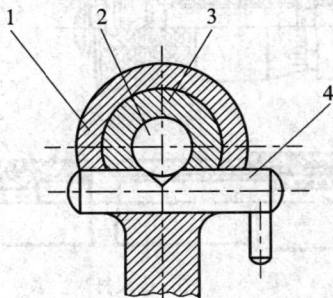

图 1-27　百分尺的制动器

其他常见千分尺分别如图 1-28～图 1-39 所示。

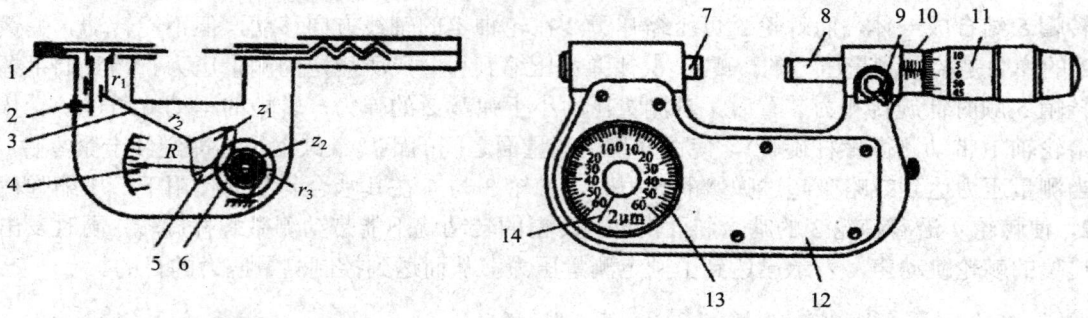

(a) 局部图　　　　　　　　　　　　　(b) 整体图

1—压簧；2—拨叉；3—杠杆；4、14—指针；5—扇形齿轮z_1=12；6—小齿轮z_2=12；
7—微动测杆；8—活动测杆；9—止动器；10—固定套筒；11—微分筒；12—盖板；13—表盘

图 1-28　杠杆千分尺

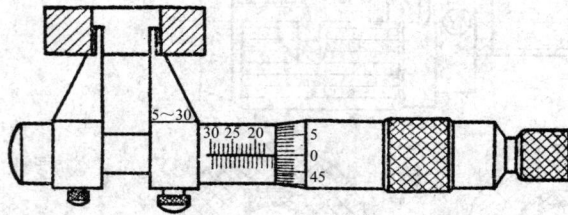

图 1-29　内测百分尺

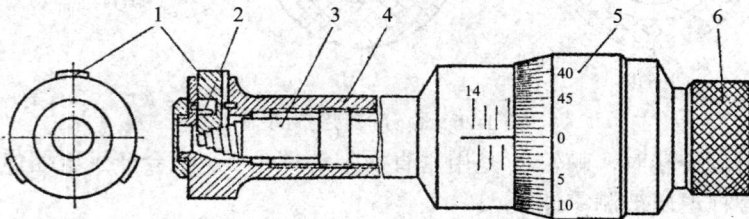

图 1-30　三爪内径千分尺

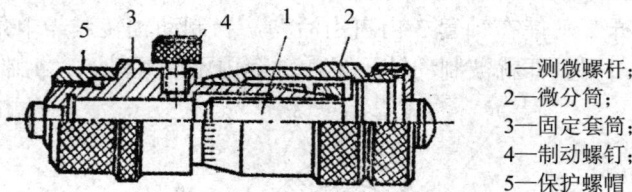

1—测微螺杆；
2—微分筒；
3—固定套筒；
4—制动螺钉；
5—保护螺帽

(a) 内径百分尺

(b) 接尺杆

图 1-31　内径百分尺

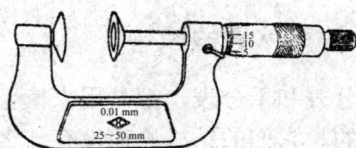

(a) 类型一

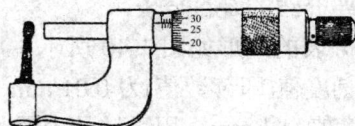

(b) 类型二

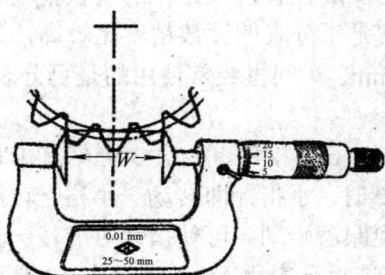

图 1-32 公法线长度测量

图 1-33 壁厚千分尺

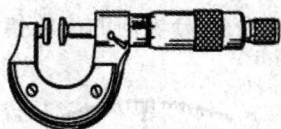

图 1-34 大平面测头千分尺

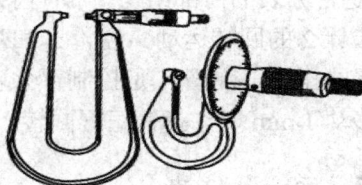

图 1-35 板厚千分尺

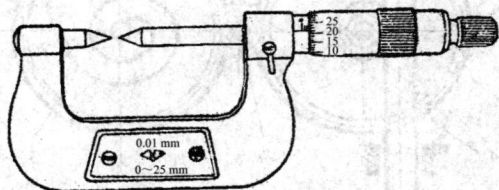

图 1-36 尖头千分尺

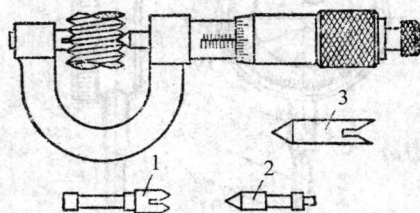

1、2—量头;3—校正规

图 1-37 螺纹千分尺

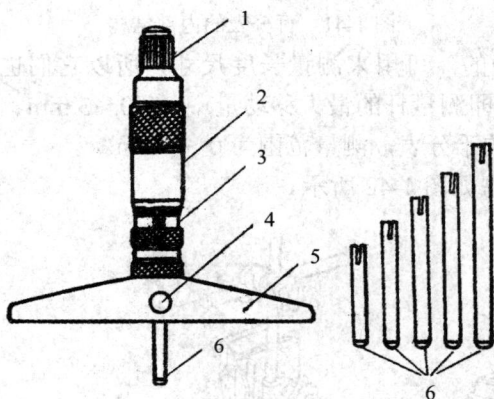

1—测力装置;2—微分筒;3—固定套筒;
4—锁紧装置;5—底板;6—测量杆

图 1-38 深度百分尺

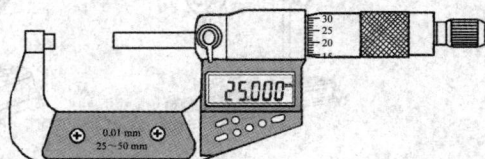

图 1-39 数字外径百分尺

(三) 百分表的结构

百分表和千分表，都是用来校正零件或夹具的安装位置检验零件的形状精度或相互位置精度的。它们的结构原理没有什么大的不同，就是千分表的读数精度比较高，即千分表的读数值为 0.001 mm，而百分表的读数值为 0.01 mm。车间里经常使用的是百分表，因此，本节主要介绍的是百分表。

百分表的外形如图 1-40 所示。1 和 8 为测量杆，6 为指针，表盘 3 上刻有 100 个等分格，其刻度值(即读数值)为 0.01 mm。当指针转一圈时，小指针即转动一小格，转数指示盘 5 的刻度值为 1 mm。用手转动表圈 4 时，表盘 3 也跟着转动，可使指针对准任一刻线。测量杆 8 是沿着套筒 7 上下移动的，套筒 8 可作为安装百分表用。9 是测量头，2 是手提测量杆用的圆头。

图 1-41 是百分表的内部结构。带有齿条的测量杆 1 的直线移动，通过齿轮传动(z_1、z_2、z_3)，转变为指针 2 的回转运动。齿轮 z_4 和弹簧 3 使齿轮传动的间隙始终在一个方向，起着稳定指针位置的作用。弹簧 4 是控制百分表的测量压力的。百分表内的齿轮传动机构，使测量杆直线移动 1 mm 时，指针正好回转一圈。

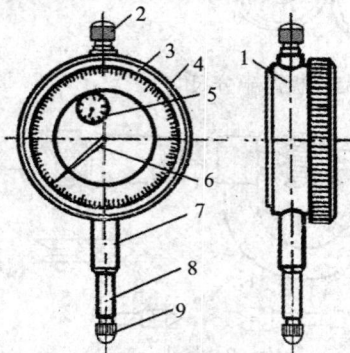

1、8—测量杆；2—圆头；3—表盘；
4—表圈；5—转数指示盘；6—指针；
7—套筒；9—测量头
图 1-40　百分表的外形

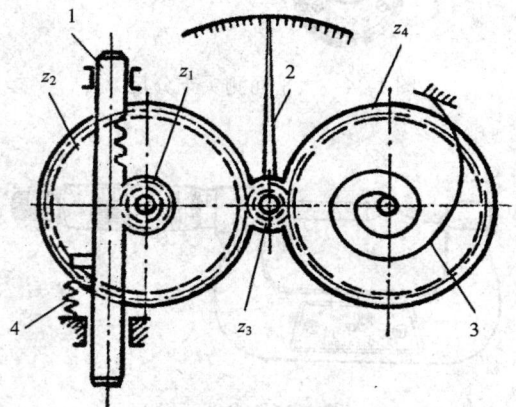

1—测量杆；2—指针；3、4—弹簧
图 1-41　百分表的内部结构

由于百分表和千分表的测量杆是做直线移动的，可用来测量长度尺寸，所以它们也是长度测量工具。目前，国产百分表的测量范围(即测量杆的最大移动量)，有 0～3 mm、0～5 mm、0～10 mm 三种。读数值为 0.001 mm 的千分表，测量范围为 0～1 mm。

百分表通常与表架同时使用，常用的表架类型如图 1-42 所示。

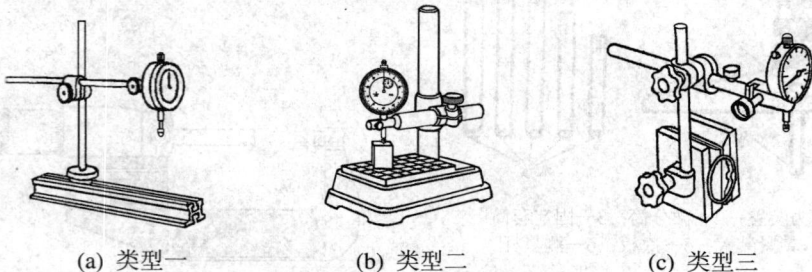

(a) 类型一　　　　(b) 类型二　　　　(c) 类型三
图 1-42　常用的表架类型

(四) 杠杆千分表的结构

杠杆千分表的分度值为 0.002 mm, 其外形和工作原理如图 1-43 所示, 当测量杆 1 向左摆动时, 拨杆 2 推动扇形齿轮 3 上的圆柱销 C 使扇形齿轮绕轴 B 逆时针转动, 此时圆柱销 D 与拨杆 2 脱开。当测量杆 1 向右摆动时, 拨杆 2 推动扇形齿轮上的圆柱销 D 也使扇形齿轮绕轴 B 逆时针转动, 此时圆柱销 C 与拨杆 2 脱开。这样, 无论测量杆 1 向左或向右摆动, 扇形齿轮 3 总是逆时针方向转动。扇形齿轮 3 再带动小齿轮 4 以及同轴的端面齿轮 5, 经小齿轮 6, 由指针 7 在刻度盘上指示出数值。

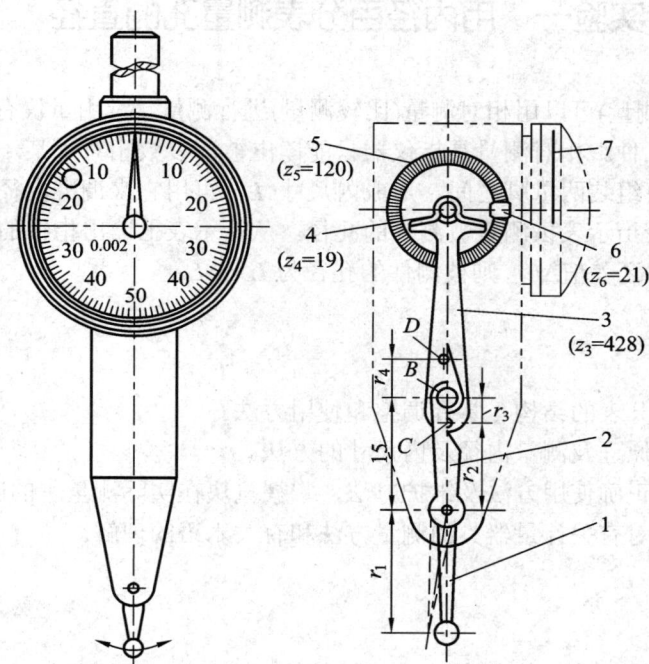

1—测量杆; 2—拨杆; 3—扇形齿轮; 4—小齿轮; 5—端面齿轮; 6—小齿轮; 7—指针

图 1-43 杠杆千分表的外形和工作原理

第二章　尺寸的测量

实验一　用内径百分表测量孔的直径

尺寸测量(线性测量)可以用相对测量(比较测量)进行测量，常用量仪有机械、光学、电感和气动比较仪等几种。相对测量是指仪器只能读出被测参数相对于某一标准量的偏差。利用量块附件将量块组装两量脚之间，形成内尺寸 L，再用它来调准内径指示表的指针达到零位，然后用内径指示表去测量被测件的孔径。从指示表上读出指针的偏移量，即为被测件孔径与量块尺寸之差值 ΔL，则被测件的孔径为 $L + \Delta L$。

一、实验目的

(1) 了解内径百分表的结构，掌握调整和使用方法。
(2) 掌握其读数原理及测量内径及内尺寸的方法。
(3) 了解量块的正确使用方法及维护方法，掌握量块在实际测量中的应用。
(4) 进一步加深对有关计量器具的测量方法和有关术语的理解。

二、实验内容

用内径百分表测量孔的直径，做出合格性结论：
(1) 测量对象：带孔的小平板或其他样件。
(2) 确定标准参数：认真看清楚图纸要求，明确测量样件的孔径基本尺寸是多少、上下偏差是多少。
(3) 选择的量具：内径百分表。
① 用途：内径百分表是用相对法测量孔径的通用量仪，适用于测量内尺寸(如孔、槽等)的常用量仪，尤其在测量深孔和不便使用光滑极限量规的其他场合。
② 内径百分表结构及工作原理：内径百分表的外形如图 2-1 所示，其结构如图 2-2 所示，它是一种杠杆式传动的百分表，主体 2 是一个三通管，在一端装有活动测头 8，另一端装有可换测头 1，管口的一端通过直管 3 安装百分表 6，弹簧 5 是控制测力的。百分表 6 的量杆与传动杆 4 始终接触，通过弹簧 5 经传动杆 4，杠杆 7 向外顶着活动测头 8。测量时，活动测头 8 的移动，使杠杆 7 回转，并通过传动杆 4 推动百分表 6 的量杆，使百分表指针回转。由于杠杆是 7 等臂的，当活动测头移动了 1 mm 时，传动杆 4 也移动了 1 mm，推动百分表指针回转一圈。因此活动测头的移动量就可以在百分表上读出。测量的工作原理简图如图

2-3 所示，其主要由百分表 1、接长杆 2、活动测头 3、等臂杠杆及定心锁紧装置 4、可换测头 5 等组成。

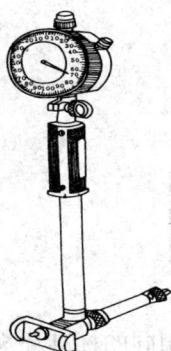

图 2-1　内径百分表的外形

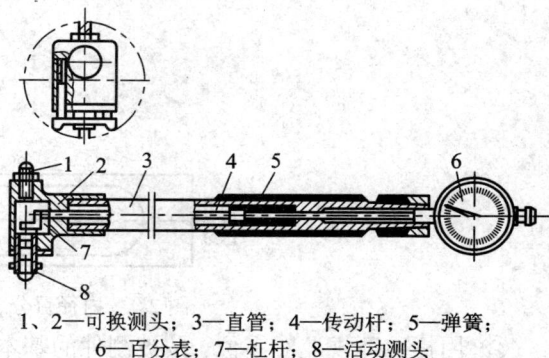

1、2—可换测头；3—直管；4—传动杆；5—弹簧；
6—百分表；7—杠杆；8—活动测头

图 2-2　内径百分表的结构

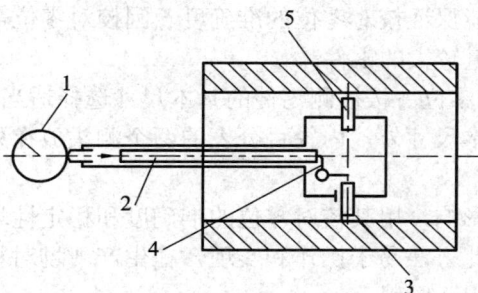

1—百分表；2—接长杆；3—活动测头；4—等臂杠杆及定心锁紧装置；5—可换测头

图 2-3　测量的工作原理简图

③ 内径百分表的基本量度指标如下：

A．分度值：0.01 mm。

B．测量范围有：6 mm～10 mm、10 mm～18 mm、18 mm～35 mm、35 mm～50 mm、50 mm～100 mm、100 mm～250 mm、250 mm～450 mm 等多种规格。

(4) 测量方法：用内径百分表测量孔径是比较测量，又称为相对测量。根据不同的被测孔直径可选择相应测量范围的内径百分表及适当的可换测头，通过比其精度高的量具调整零位后进行测量。

使用内径百分表最重要的是使两个测头正确接触孔的直径，其次是注意内径百分表指针的旋向与百分表测量外尺寸时的旋转方向相反。当指针顺时针方向偏离零位读数时，反映被测尺寸小于调零(量块组)尺寸，而指针逆时针方向偏离零位读数时，则表示被测尺寸大于调零尺寸。

(5) 调整零位：在相对(比较)测量中，调整量仪零位是一个十分重要的步骤，所谓"零位"是指当量值等于标准量(量块组尺寸)时的指针位置，如果是按基本尺寸组合量块，则零位也就是实际偏差为零的位置。内径百分表调整零位的方法有以下三种：

① 用量块和量块附件校对零位。按被测零件的基本尺寸组合量块，并装夹在量块的附件中(量块夹持器及量爪)，将内径百分表的两测头放在量块附件两量爪之间，摆动量杆使百分表读数最小(顺时针旋转的最小稳定值)。

图 2-4 为内径百分表的调零示意图。这种校对零位的方法能保证校对零位的准确度及内径百分表的测量精度，但其操作比较麻烦，且对量块的使用环境要求较高。

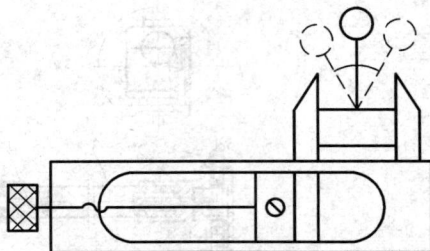

图 2-4　内径百分表的调零示意图

② 用标准环规校对零位。按被测件的基本尺寸选择尺寸相同的标准环规，按标准环规的实际尺寸校对内径百分表的零位。

此方法操作简便，并能保证校对零位的准确度。因校对零位需制造专用标准环规，故此方法只适合检测生产批量较大的零件。

③ 用外径千分尺校对零位。按被测零件的基本尺寸选择适当测量范围的外径千分尺，将外径千分尺对在被测基本尺寸外，内径百分表的两个测头放在外径千分尺两个量杆之间校对零位。

因受外径千分尺精度影响，用其校对零位的准确度和稳定性均不高，从而降低了内径百分表的测量精确度。但此方法易于操作和实现，在生产现场对精度要求不高的单件或小批量零件的检测，仍得到广泛应用。

在教学实验中常采用方法①校对零位。使用量块和量块附件校对零位的详细步骤如下：

A．根据被测孔的基本尺寸选择适当规格的内径百分表，再在可换测头中选择恰当的侧头装入量仪相应的螺孔中，此时应特别注意两个测头之间的长度须大于被测尺寸 0.5 mm～0.8 mm 左右，以便测量时活动测头能在基本尺寸正负一定范围内活动。装百分表时一边转一边往下插，需要注意的是，表面应与两个测头在一个平面上，预压缩 1 mm 左右(百分表的小指针在 1 附近)后锁紧。(预压缩的作用使其保持一定的初始测量力，以提高示值的稳定性)装好以后，应检查各连接部位及表是否安装正确。用手轻按活动测头，指针应该发生偏转，如果没有发生偏转，就要检查表的各连接部位、所显示的压力是否太大或没有初始预压缩力。

B．根据被测孔的基本尺寸选择并组合量块，将组合好的量块组放入量块附件的两个平面之间夹紧。(注意接触面擦干净，排除人为粗大误差。)

C．用手握住绝缘柄，将内径百分表的活动测头和定位护桥靠到量块附件的一个测块的内侧面上，并适当用力压缩活动测头，使可换的固定测头能进入两测块之间，并顶到另一个测块内侧面上，例如，发现顶不上或者压不进，可以调整可换固定测头装入螺孔的深度，然后微微摆动内径百分表，同时观察指针示值的变动情况，找出示值最小的稳定位置(回程点)。记下此位置指针的示值(最小读数)，即为"零位读数"。旋转表盘，就可使零位读数为"0"。

(6) 测量步骤：将内径百分表的两个测头放入被测孔中(由于定位护桥的作用，两个测头自然保持在直径方向上而不会在小于直径的弦上)。微微摆动内径百分表，找出并记录示值变化的最小稳定读数。图 2-5 为内径百分表测量孔径的示意图。

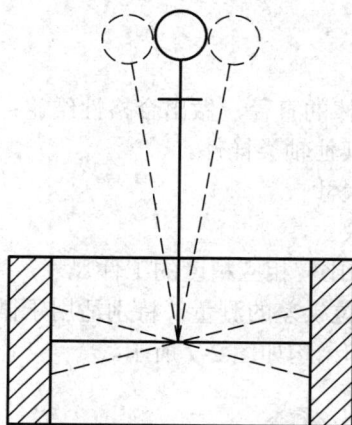

图 2-5 内径百分表测量孔径的示意图

此读数与零位读数之代数差，即为该位置孔径的实际偏差，实际偏差于基本尺寸的代数和，即为该处之实际尺寸，读数时注意实际偏差的正、负。

用上述方法测量并记录每个横截面上两个方向的尺寸，被测孔三截面共六个实际偏差值，算出每个截面的实际偏差，最大的作为孔的实际偏差。图 2-6 为测量孔径的截面的位置示意图。(这些结果前提是每个尺寸必须在公差范围之内，有一个尺寸超差就可判定此样件不合格。)

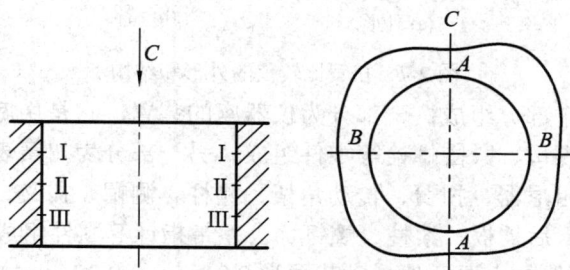

图 2-6 测量孔径的截面的位置示意图

(7) 根据图样给定的极限偏差，做出合格性判断。

在同样条件下用内径千分表测量，比较测量精度。

实验二　用机械式量仪测量标准棒直径

一、实验目的

(1) 了解机械式比较仪的结构，掌握调整和使用方法。

(2) 掌握其读数原理和测量外径及外尺寸的方法。

(3) 了解量块的正确使用方法及维护方法，掌握量块在实际测量中的应用。

(4) 进一步加深对有关计量器具的测量方法和有关术语的理解。

二、实验内容

用机械式比较仪测量标准棒的直径，做出合格性结论：

(1) 测量对象：标准棒或其他轴类样件。

(2) 确定标准参数：图纸尺寸。

(3) 选择量具：扭簧比较仪。

① 用途：用量块作为标准比较相应精度的工件尺寸，并可作为其他检验装置的一种量仪，来进行高精度的尺寸和形位误差的测量，特别适用于微量的测量。

② 扭簧比较仪：其外形和结构如图 2-7 所示。

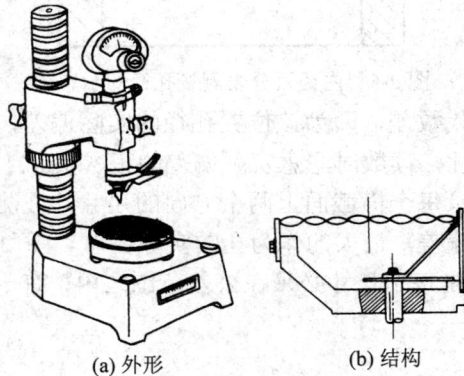

(a) 外形　　　　　(b) 结构

图 2-7　扭簧比较仪的外形和结构

扭簧比较仪由两个部分组成：一部分为仪器座的装置，它是由底座、工作台、立柱、臂架、调整臂架升降螺母、紧固螺栓等零件组成；另一部分为扭簧表装置，它是由主体、外套、表壳、指针、阻尼器、扭簧、传动角架、测杆、测帽、拨叉、表盘、弹簧片、扭簧接点、簧片、前摇板、后摇板、滚柱、螺钉、公差带指针等零件组成。

③ 工作原理：仪器的主要元件是横截面为 $0.01 \text{ mm} \times 0.25 \text{ mm}$ 的弹簧片，由中间向两端左右扭曲成的扭簧片。测量时，测杆向上或向下移动，推动杠杆摆动，这时内部的扭簧片会被拉伸或缩短，引起扭簧片转动，使指针偏转。

④ 扭簧比较仪的基本量度指标：分度值为 0.1 μm、0.2 μm、0.5 μm、1 μm、2 μm、5 μm、10 μm，示值范围为 ± 30 标尺分度、± 60 标尺分度、± 100 标尺分度，夹持套筒直径为 28 mm 的扭簧比较仪。

扭簧比较仪在使用时，一般需要安装在支座上，有的也需要安装在专用仪器上使用，如万能测齿仪。

(4) 测量方法：比较测量。即先将组合的量块组放在仪器的测头和工作面之间，以量块尺寸 L 调整仪器的指示表到达零位，再将被测件放在测头和工作面之间进行测量，从指示表读出指针对零位的偏移量，即被测件对量块尺寸的差值 ΔL，即被测件的外径为 $L + \Delta L$。

(5) 调整零位：

① 根据被测标准棒的基本尺寸组合量块，置于仪器工作台上。(注意将工作台和量块擦干净，排除人为误差。)

② 调整量仪零位。其分为以下两种方法：

A．粗调：松开横臂锁紧螺钉，搬动粗调手轮，使比较仪表头下降到测头接触量块组上工作面的高度(指针进入标尺示值范围)，随即锁紧横臂。

B．微调：旋转微调螺母，使比较仪测头上下移动。直到指针对到标尺"0"刻度。如不易对准，可利用表头上的"标尺调整螺钉"来移动标尺，达到精确对准"0"刻度。但标尺移动范围很小，主要靠微调螺母实现对准"0"刻度。

C．轻抬轻放测头 2～3 次，观察指针是否稳定对准"0"刻度，如有变动，须检查各处锁紧部分，再做微调，直到零位稳定后，抬起测头取出量块组。

(6) 测量步骤：图 2-8 为测量轴径位置的示意图。

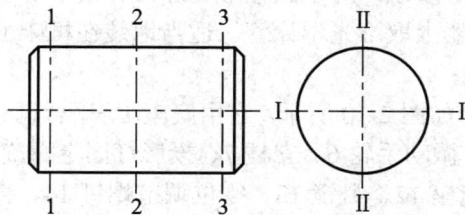

图 2-8　测量轴径位置的示意图

取下量块，将被测标准棒放在仪器工作台上靠近测头，轻轻从测头下滚过，同时观察指针所示值的变动情况，记下指针的最大偏转(正或负)格数，即可算出该处的实际偏差。

用上述方法，测量并记录每个横截面上两个方向的尺寸，被测轴径三截面共六个实际偏差值，算出每个截面的实际偏差，最大的作为孔的实际偏差。(这些结果前提是每个尺寸必须在公差范围之内，有一个尺寸超差就可判定此试件不合格。)

(7) 根据图样给定的极限偏差值，做出合格性结论。

实验三　用立式光学计测量塞规的直径

一、实验目的

(1) 了解立式光学计(或称为立式光学仪)的结构原理。

(2) 掌握其测量外径或外尺寸的方法。

(3) 了解量块的正确使用方法及维护方法，掌握量块在实际测量中的应用。

(4) 进一步加深对有关计量器具的测量方法和有关术语的理解。

二、实验内容

用立式光学计测量塞规(通端)的直径，根据测量结果，按国家标准 GB1957—1981 "光滑极限量规"查出塞规的尺寸偏差和形状公差，做出合格性结论：

(1) 测量对象：光滑极限量规如图 2-9 所示。

图 2-9　光滑极限量规

(2) 确定标准参数：从国家标准 GB1957—1981"光滑极限量规"查出塞规的尺寸偏差和形状公差。

(3) 选择量具：立式光学仪，又称为光学比较仪，有立式和卧式两种。

① 用途：光学计的主要用途是利用量块与零件相比较的方法，来测量物体外形的微差尺寸，它是计量室、检定站或制造量具、工具与精密零件车间常用的量具。它可以检定五等精度量块或一级精度柱形量规，对于圆柱形、球形、线形等物体的直径或板形物体的厚度均能测量，并可以从仪器上取下光学计管，适当地装在机床上，利用量块作为控制精密加工尺寸之用。

② 立式光学仪的外形如图 2-10 所示。它由底座 1、平台调整螺丝 2、横臂升降螺圈 3、横臂固定螺旋 4、横臂 5、微动手轮 6、立柱 7、投影灯固定螺旋 8、投影灯插孔 9、进光反射镜 10、连接座 11、目镜座 12、目镜 13、零位调节螺钉 14、微动凸轮托圈固定螺旋 15、光管固定螺旋 16、光学计管 17、提升器调节螺丝 18、提升器 19、测帽 20、调节式工作台 21、螺孔 22(固定方形槽面工作台用)组成，仪器的光学系统装在直角形光管中。

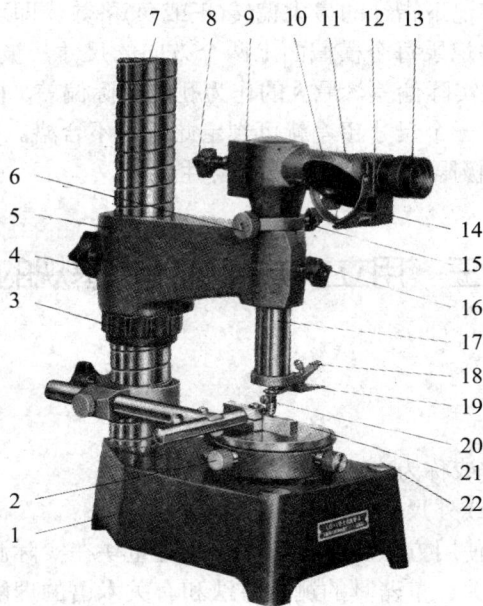

图 2-10　立式光学仪的外形

③ 工作原理：仪器的主要原理是由自准直光管和的正切杠杆机构组合而成的。自准直原理是指物镜焦平面上物体发出的光，通过物镜变成平行光束，此平行光束经平面反射镜

反射后回至物镜，则仍在物体所在的焦平面上形成物体的实像。立式光学仪是利用光学杠杆放大原理进行测量的仪器，测杆的微小移动就可以通过正切杠杆结构和光学装置放大，变成光点和像点间的距离。立式光学仪的光学系统如图 2-11 所示。

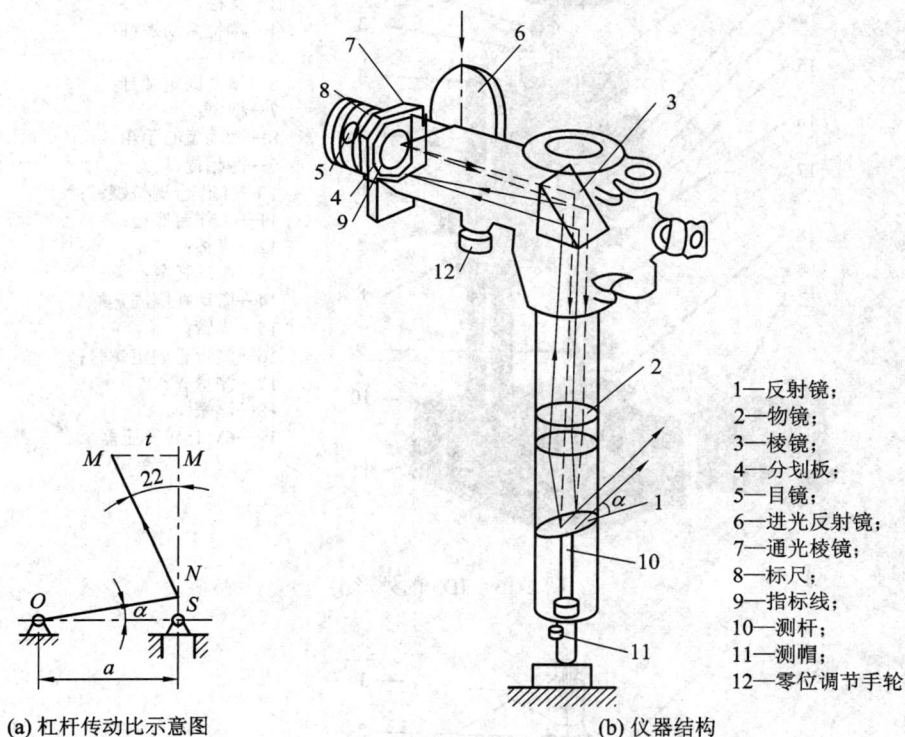

1—反射镜；
2—物镜；
3—棱镜；
4—分划板；
5—目镜；
6—进光反射镜；
7—通光棱镜；
8—标尺；
9—指标线；
10—测杆；
11—测帽；
12—零位调节手轮

(a) 杠杆传动比示意图   (b) 仪器结构

图 2-11 立式光学仪的光学系统

光线由侧面射入经过进光反射镜 6，进入通光棱镜 7，使分划板 4 的标尺 8 得到照明，光线透过标尺继续前进经棱镜 3 的反射，折向物镜 2，由于分划板是放置在物镜的焦点上成为一束平行光入射于反射镜上，反射镜正好对着物镜，因此光路仍按原路返回，同时由于准直原理，使分划板标尺的像显示在分划板另一半上，从目镜中只能看见的标尺的像。图 2-12 就是标尺的像。现代立式光学计 JD3 把标尺的像显示在投影屏上，图 2-13 是 JD3 的外形图，图 2-14 是光学计管的原理图。

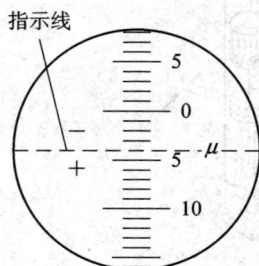

图 2-12 标尺的像

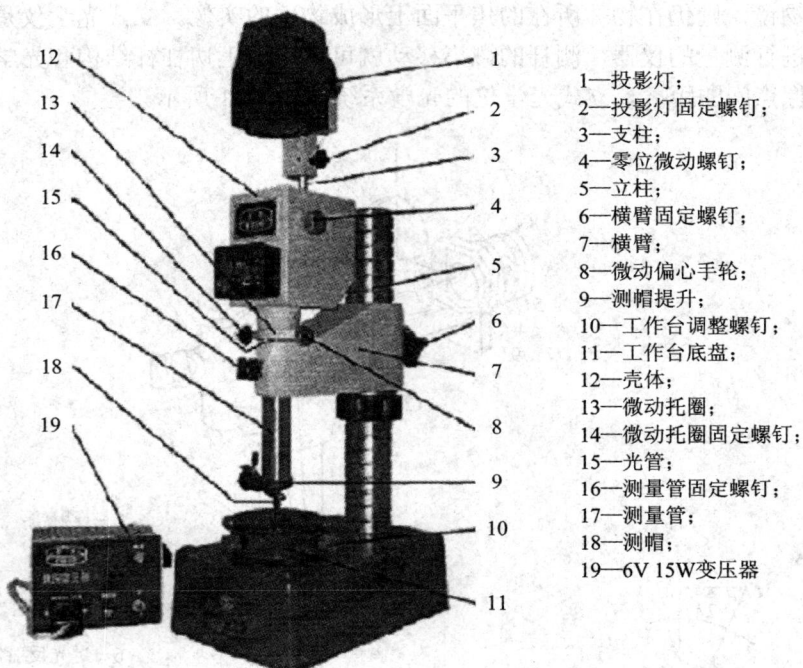

1—投影灯；
2—投影灯固定螺钉；
3—支柱；
4—零位微动螺钉；
5—立柱；
6—横臂固定螺钉；
7—横臂；
8—微动偏心手轮；
9—测帽提升；
10—工作台调整螺钉；
11—工作台底盘；
12—壳体；
13—微动托圈；
14—微动托圈固定螺钉；
15—光管；
16—测量管固定螺钉；
17—测量管；
18—测帽；
19—6V 15W变压器

图 2-13　JD3 的外形图

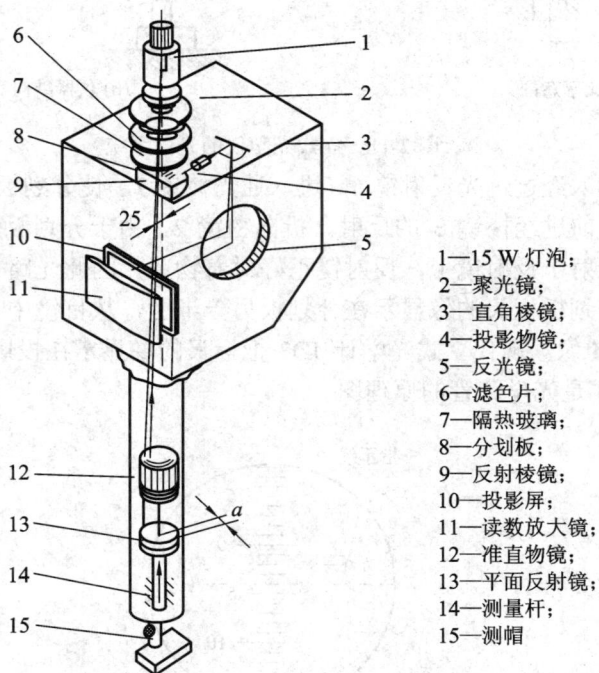

1—15 W 灯泡；
2—聚光镜；
3—直角棱镜；
4—投影物镜；
5—反光镜；
6—滤色片；
7—隔热玻璃；
8—分划板；
9—反射棱镜；
10—投影屏；
11—读数放大镜；
12—准直物镜；
13—平面反射镜；
14—测量杆；
15—测帽

图 2-14　光学计管的原理图

④ 立式光学仪的量度指标如表 2-1 所示。

表 2-1 立式光学仪的量度指标

	光学计的测量范围	0～180 mm
光学计管的参数和尺寸	目镜放大倍数	12 倍
	光学杠杆的放大倍数	80 倍
	总放大倍数	≈1000 倍
	分划板分度值	0.001 mm
	分划板在目镜视场中观察每分度感觉示值	≈1 mm
	分划板分度范围	±0.1 mm
	测杆自由升降距离	≈0.4 mm
	测量压力	2 N±0.2 N
	光学计管的配合尺寸	ϕ28h6
	毫米零位调节器调节范围	±0.01 mm
测量范围	不装投影仪时最大测量长度	80 mm
	装投影仪时最大测量长度	120 mm
	立柱边缘至平台中心距离	115 mm
误差	仪器的最大不正确度	±0.00 025 mm
	示值稳定性	0.0001 mm
	测量的最大不正确度	±(0.5+L/100) mm
工作台的主要尺寸	圆形槽面工作台直径(调节式)	ϕ88 mm
	圆形平面工作台直径(调节式)	ϕ88 mm
	方形槽面工作台长×宽(固定式)	142 mm×130 mm
	球面小工作台半径(固定式)	R20 mm
	平面小工作台直径(固定式)	ϕ8 mm
	圆形平面工作台直径(固定式)	ϕ88 mm
反光镜的直径	ϕ50 mm	
外形尺寸	长度	≈340 mm
	宽度	≈160 mm
	高度	≈405 mm

注：① 量块与被测零件的温度差别在 ±0.5℃ 以内。
② 量块与被测零件的膨胀系数差别最大 ±3.5×10⁻⁶。
③ 量块应相当于部标 2 级。
④ L 是代表被测长度，单位为 mm。

(4) 测量方法：比较测量。即先组合的量块组放在仪器的测头和工作面之间，以量块尺寸 L 调整仪器的指示表到达零位，再将被测件放在测头和工作面之间进行测量，从指示表读出指针对零位的偏移量，即被测件对量块尺寸的差值 ΔL，即被测件的外径为 $L+\Delta L$。

(5) 调整零位：

① 工作台：

A. 工作台的选择与更换：用螺钉将工作台安置在底座上。松开四个调节螺丝即可更换不同的可调式平台。对不同形状的被测物体，应选用不同的工作台，形状上有大小及平面与球面之分别，在应用时又分为固定与可调整两种，为避免尘埃所引起的误差和减小被测物与平台间的摩擦力，还设有带槽的平面工作台。使用者可按需要选择应用。

B. 工作台的调整(是指可调整的工作台)：工作台校正的目的是使平台面与测帽平面保持平行，校正的方法颇多，但用来校正的量块的尺寸应尽可能与测量之工作物尺寸相等，校正的方法举例如下：

a. 先将量块用干布擦净，大致放在平台的中央，光学计管换上最大直径的测帽，使测帽与量块接触，至目镜中看到分划板刻度为止，然后旋动调节螺丝，使平台前后左右移动并从目镜中看分划板示值的变化，当分划板示值为最小时，则表示平台面与测帽平面已平行。

b. 测帽要求相同，即根据被测物体的形状使接触面必须是最小即接近于点或线。

c. 有经验的校正者，正确度能达到 0.1 mm～0.2 mm。

② 选择测头。测头有球形、平面形和刀口形三种，根据被测零件表面的几何形状来选择，光学计的测头与被测面应形成点接触，故测量平面或圆柱形塞规尺寸时，应选用球形测头。测量球面样件时，选用平面形测头；而测量小于 10 mm 的圆柱面样件时，则应选用刀口形测头。

③ 按被测塞规基本尺寸组合量块组。

④ 调整量仪零位：

A. 将量块组置于工作台中央，对准光学计的测头。(注意将工作台和量块擦干净，排除人为误差。)

B. 粗调：松开横臂固定旋钮，转动粗调螺母使横臂下降，直到测头与量块上工作面的中间轻微接触，在目镜视场中看到标尺的像，即将横臂锁紧。

C. 细调：松开光管锁紧螺钉，转动调节凸轮，直到目镜中观察到标尺的像的 "0" 刻度与 "μ" 指示线接近为止，如图 2-15(a)所示。

D. 微调：转动刻度尺微调螺钉(即零位调节螺钉)，使刻度尺的像的 "0" 刻度与 "μ" 指示线重合，如图 2-15(b)所示。

E. 轻抬轻放测头 2～3 次，检查零位是否稳定，稳定后抬起测头，取出量块组。

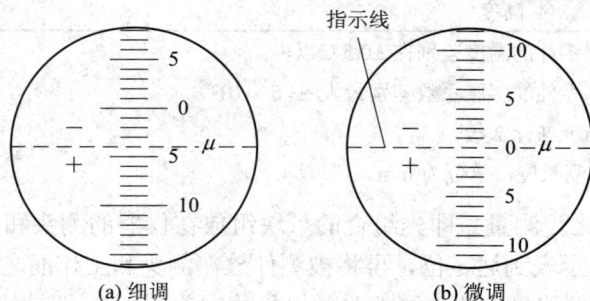

(a) 细调　　　　　　　　(b) 微调

图 2-15　调整量仪零位

(6) 测量步骤：图 2-16 为测量塞规通端位置的示意图。

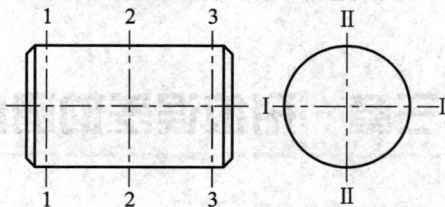

图 2-16 测量塞规通端位置的示意图

将被测塞规放到量仪工作台上慢慢来回滚过测头，观察"μ"指示线示值的变动情况，记下偏离"0"位(正、负)的最大刻度(格)，乘以分度值，即可算得该处的实际偏差值。

用上述方法测得"三截面两方向"共六个实际偏差值，算出每个截面的实际偏差，取其最大值作为测量结果。(这些结果前提是每个尺寸必须在公差范围之内，有一个尺寸超差就可判定此样件不合格。)

(7) 根据标准规定的塞规极限偏差做出合格性结论。

(8) 仪器的保养：使用精密计量仪器应注意保持清洁，不用时宜用罩子套上，避免灰尘覆盖。

A. 每次使用完工作台、测量头以及其他零件的工作面，必须用汽油清洗、擦拭干净，再涂上无酸性凡士林或薄层防锈油，用棉花团或软毛刷涂都可以，切不可用手指涂凡士林，因为皮肤的脂酸对金属有害。

B. 光学计管内部构造比较复杂精密，不宜随意拆卸，必要时可送有关修理厂修理。

C. 光学部件的保持清洁尤其重要，凡透镜或棱镜表面，避免用手指碰触，宜先用骆驼毛笔或貂毛笔轻轻拂去浮灰，再用柔软清洁的亚麻布或软纸蘸一点清水或蒸馏水擦拭，透镜表面如果还有油垢，可蘸一点二甲苯或石油精擦拭，但最好避免多次擦拭。

在同等条件下，比较用机械式比较仪和立式光学计测量的精度。

第三章　形位误差的测量

　　形位(形状和位置)误差是指被测要素对其理想要素或基准的变动量。为了满足零件的功能要求，必须按照国家标准 GB1958—1980 规定的五种检测原则进行测量，按最小区域法或定向、定位最小区域法对被测要素进行测量和评定，以判断其是否合格。

　　图纸上所给出的几何形状称为理想形状，它是根据机器的结构和性能要求确定的。零件在被加工后，实际所具有的形状称为实际形状。而图纸上所给出零件的两个或两个以上点线面之间相对几何位置称为理想位置。它是相对于基准而确定的，它是根据机器性能要求确定，零件在被加工后，零件上各点线面实际所处位置称为实际位置。由于加工过程中各种因素的影响，零件的实际形状不可能得到理想形状，零件的实际位置不可能达到理想位置，而会产生误差，只要这个误差在给定的公差范围内，零件就为合格品。形位误差在生产中的意义和检测原则如下：

　　(1) 形位误差在生产中的重要的意义：零件的形状和位置误差，对机器、仪器、量具和刀具等，各种产品的工作精度、连接强度、密封性、运动平稳性、耐磨性、寿命、噪音等都产生很大影响。特别对于高速、高温、高压、重载荷条件下工作的精密机器和仪器更为重要。因此，形状误差是保证零件实现互换，满足使用性能所提出的一项重要技术要求，是评定产品质量的一项重要指标。

　　(2) 形位误差五大检测原则：

　　① 第一大原则：与理想要素比较原则，将被测实际要素与其理想要素比较，量值由直接或间接法获得理想要素，用模拟方法获得。

　　② 第二大原则：测量坐标值原则，测量被测实际要素的坐标值(如直角坐标、极坐标、圆柱面坐标值)，并经过数据处理获得形位误差。

　　③ 第三大原则：测量特征参数原则，测量被测实际要素上具有代表性的参数(即特征参数)来表示形位误差值。

　　④ 第四大原则：测量跳动原则，在被测实际要素绕基准轴线回转过程中，沿给定方向测量其某个参考点或线的变动量。变动量是指指针最大与最小读数之差。

　　⑤ 第五大原则：控制实效边界原则，检验被测实际要素是否超过实效边界，以判断工件合格与否。

　　形位误差是利用五大检测原则来测量的。形位误差共包含 14 个项目，其中，形状误差为 6 项，位置误差为 8 项。形状误差：直线度、平面度、圆度、圆柱度、线轮廓度、面轮廓度。位置误差：平行度、垂直度、倾斜度、同轴度、对称度、位置度、圆跳动、全跳动。形位误差的符号表示如表 3-1 所示。

表 3-1　形位误差的符号表示

分类	特征项目	符号	分类		特征项目	符号
形状公差	直线度	—	位置公差	定向	平行度	//
	平面度	▱			垂直度	⊥
	圆度	○			倾斜度	∠
	圆柱度	⌀		定位	同轴度	◎
	线轮廓度	⌒			对称度	⹀
					位置度	⊕
	面轮廓度	⌓		跳动	圆跳动	↗
					全跳动	↗↗

　　直线度误差是指被测实际直线对理想直线的变动量。理想直线可用平尺、刀口尺等标准器具模拟。对机床导轨、仪器导轨或其他窄而长平面的直线度误差测量，常在给定平面(垂直平面、水平平面)内进行检测。常用的计量器具有合像水平仪、框式水平仪、电子水平仪和自准直仪等。使用这类器具的共同特点是测定微小角度的变化。由于被测表面存在直线度误差，当计量器具置于不同的被测部位时，其倾斜角度就要发生相应变化。如果节距(相邻两点的距离)一经确定，这个变化的微小角度与被测相邻两点的高低差就有确切的对应关系，通过对逐个节距的测量，得出变化的角度，作图或计算即可求出被测表面的直线度误差(其他形位误差测量参考教科书)。

实验一　用合像水平仪测量导轨的直线度误差

一、实验目的

(1) 了解合像水平仪的结构原理并熟悉使用它测量直线度方法。
(2) 掌握给定平面内直线度误差值的评定方法。
(3) 掌握按两端点连线和最小条件作图求解直线度误差值的方法。

二、实验内容

用合像水平仪测量导轨全长垂直方向的直线度误差：
(1) 测量对象：导轨或其他被测对象。
(2) 确定标准参数：图纸尺寸。
(3) 选择量具：合像水平仪。
① 用途：由于合像水平仪具有测量精度高、测量范围大、测量效率高、价格便宜、携

带方便等优点，因此合像水平仪广泛用于测量平面和圆柱面对水平方向的倾斜度，机床与光学机械仪器的导轨或机座等的平面度、直线度和设备安装位置的正确度。

② 合像水平仪的结构：合像水平仪主要由水准器、棱镜、放大镜、微动丝杠、螺母、刻度盘、杠杆以及具有平面和 V 形工作面的底座等主要部件组成。

水泡的两半影像放大图、合像水平仪的外形和结构分别如图 3-1、图 3-2 和图 3-3 所示。

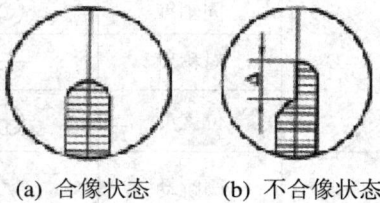

(a) 合像状态   (b) 不合像状态

图 3-1　水泡的两半影像放大图

图 3-2　合像水平仪的外形

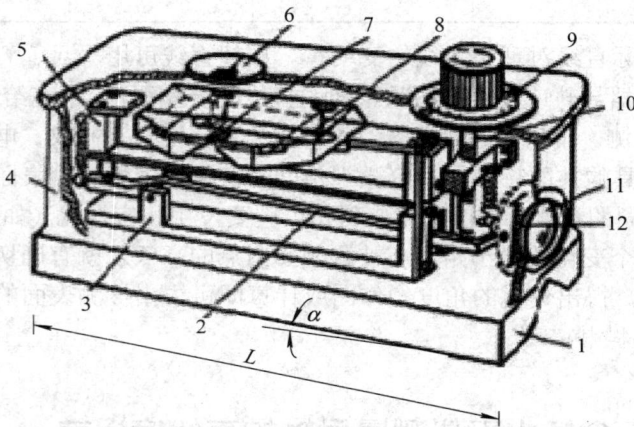

1—底板；
2—杠杆；
3—支撑；
4—壳体；
5—支撑架；
6—放大镜；
7—棱镜；
8—水准器；
9—微分筒；
10—测微螺杆；
11—放大镜；
12—刻线尺

图 3-3　合像水平仪的结构

合像水平仪是一种精密测角仪器，用自然水平面为测量基准。合像水平仪的水准器是一个密封的玻璃管，管内注入精馏乙醚，并留有一定量的空气，以形成气泡。管的内壁在长度方向具有一定的曲率半径。气泡在管中停住时,气泡的位置必然垂直于重力方向。也就是说，当水平仪倾斜时，气泡本身并不倾斜，而始终保持水平位置。利用这个原理，将水平仪放在桥板上使用，便能测出实际被测直线上相距一个桥板跨距的两点间的高度差，如图 3-4 所示。

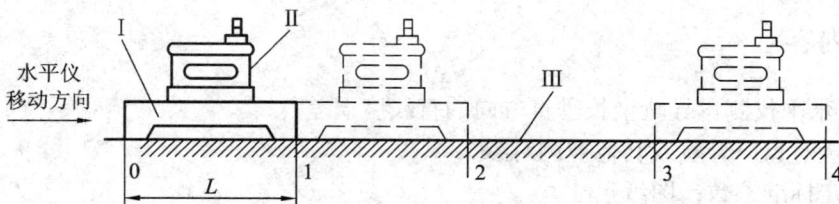

Ⅰ—桥板；Ⅱ—水平仪；Ⅲ—被测直线；L—桥板跨距；0～4—测点序号

图 3-4　用水平仪测量直线度误差时的示意图

在水准器玻璃管的中部，从气泡的边缘开始向两端对称地按弧度值(mm/m)刻有若干条等距刻线。水平仪的分度值 i 用角度或 mm/m 表示。合像水平仪的分度值为 2″，该角度相当于在 1 m 长度上，对边高为 0.01 mm 的角度，这时分度值也用 0.01 mm/m 或 0.01/1000 表示。

③ 合像水平仪的工作原理：合像水平仪利用棱镜将水准器中的气泡像按比例放大，来提高读数的精确度，又利用杠杆、微动丝杠这一套传动机构来提高读数灵敏度。因此当被测件倾斜 0.01 mm/m 时，就可精确地在合像仪中读出(在合像水平仪中，水准器主要是起指"零"的作用)。

合像水平仪是用来测量被测直线上某两点 A、B 对水平位置的高度差的仪器，其工作示意图如图 3-5 所示。合像水平仪的内部机构及调节原理示意图如图 3-6 所示。

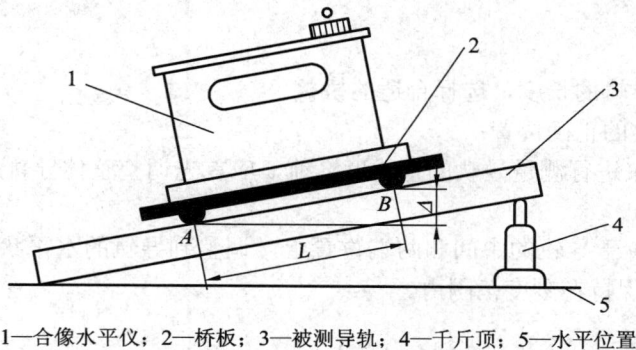

1—合像水平仪；2—桥板；3—被测导轨；4—千斤顶；5—水平位置

图 3-5　合像水平仪的工作示意图

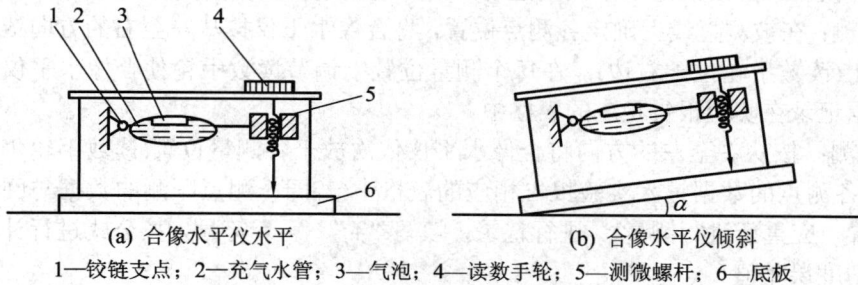

(a) 合像水平仪水平　　　　　　　　　　　　(b) 合像水平仪倾斜

1—铰链支点；2—充气水管；3—气泡；4—读数手轮；5—测微螺杆；6—底板

图 3-6　合像水平仪的内部机构及调节原理示意图

当合像水平仪底板放置在水平位置时，调节读数手轮，使合像观察窗内水泡的像由如图 3-2(b)所示的不合像状态，调至如图 3-2(a)所示的合像状态，此时，充水小管处于水平位置，微分筒读数正好为 0(如图 3-6(a)所示)。当底板与水平位置存在一个倾角 α 时(如图 3-6(b)所示)，调节读数手轮，测微螺杆将会带动充水小管绕铰链支点旋转，当充水小管调至水平位置时，读数手轮上可读得一读数 k。由于倾角 α 很小，则有

$$\alpha \approx \tan\alpha \approx k \cdot 读数手轮的分度值 \tag{3-1}$$

若将合像水平仪置于桥板上，而桥板两支点 A、B(如图 3-5 所示)之间的间距为 L，则被测直线上 B 点相对于 A 点对水平位置的高度差为

$$\Delta \approx L\sin\alpha \approx L \cdot k \cdot 读数手轮的分度值 \tag{3-2}$$

④ 合像水平仪的技术数据如表 3-2 所示。

表 3-2　合像水平仪的技术数据

工作面(长×宽)	165 mm × 48 mm
分度值	0.01mm/m
最大测量范围	0～10 mm/m
±1 mm/m 范围内的示值误差	±0.01 mm/m
全部测量范围内的示值误差	±0.02 mm/m
水准器格数	0.1 mm/m
工作面平面性偏差(平面度)	0.003 mm
仪器净重	2 kg

(4) 测量方法：间接测量。通过测量与被测参数有函数关系的其他量而得到被测参数值的测量方法。

(5) 调整仪器：

① 根据被测导轨的长度，选择合适的桥板。

② 调整水平仪的正确位置：

A．用水平仪来进行测量导轨的直线度之前，应首先调整整体导轨的水平(将被测导轨和量仪底部擦干净)。

B．将水平仪置于导轨的中间和两端位置上，调整到导轨的水平状态，使水平仪的气泡在各个部位都能保持在刻度范围内。

(6) 测量步骤：

① 根据导轨的长度，将导轨分成相等的若干整段来进行测量，并使头尾平稳的衔接，逐段检查并读数，然后确定水平仪气泡的运动方向和水平仪实际刻度及格数。

② 顺测：在被测直线上确定各测点位置，将合像水平仪按从左至右的方向依次放于各测量位置上(读数手轮位于右边)，在每个测量位置上调节读数手轮使合像水平仪合像，将测得的数据记录在实验报告相应的表格中。

③ 回测：按从右至左的方向将合像水平仪依次放于各测量位置(读数手轮仍然位于右边)，测出各测点的数据记入实验报告相应的表格中(若同一测点顺测的数据与回测的数据有较大差异，应重新进行测量)。进行记录，填写"+"、"-"符号，按公式进行计算机床导轨直线度精度误差值。

(7) 根据图纸尺寸，判断该项目的合格性。

① 直线度误差的评定：直线度误差是指实际被测直线对其理想直线的变动量，理想直线的位置符合最小条件。最小条件是指实际被测直线对其理想直线(评定基准)的最大变动量为最小。测量数据可以用指示表测量实际被测直线上均匀布置的各测点相对平板(测量基准)的高度来获得，也可以用水平仪或自准直仪对实际被测直线均匀布点测量，测量两相邻测点之间的高度差来获得。按照最小条件或以首、尾两个测点的连线(两端点连线)评定基准，由获得的测量数据用作图或计算的方法求解直线度误差值。(本实验只要求由获得的测量数据用作图法求出直线度误差。)

② 用合像水平仪测量导轨直线度误差如图 3-7 所示。其测量数据如表 3-3 所示。要测量一个长度为 1200 mm 导轨的直线度误差，可选择桥板两支点之间的长度为 200 mm(桥板两支点间的长度是可调的，被测直线的长度应为桥板两支点之间长度的整数倍)。先将桥板

及合像水平仪安放于位置①，调节合像水平仪至合像，从读数标尺上可见此时指针介于 3 与 4 之间，而读数手轮上的值为 52，此时合像水平仪的读数值为 352 格(读数手轮转一周，手轮上的刻度值走过 100 格，而读数标尺走过 1 格)，这样就可测出测点 1 对测点 0 相对于水平位置的高度差；再将桥板移至位置②，可测出测点 2 对测点 1 相对于水平位置的高度差，如此重复 6 次，可获得 6 个测得值。0 测点是起始位置，是一个参考位置，记为 0。

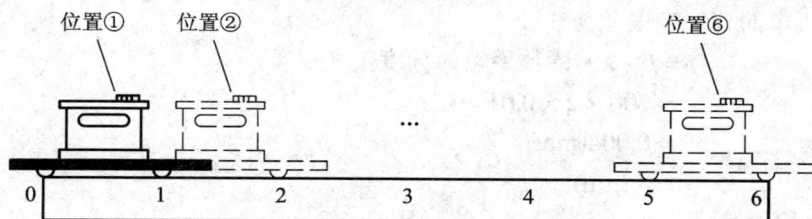

图 3-7　用合像水平仪测量导轨直线度误差

表 3-3　测量导轨直线度误差的数据

测　点		0	1	2	3	4	5	6
测得值	顺测	0	353	348	350	353	351	350
	回测	0	351	350	350	351	351	348
	平均	0	352	349	350	352	351	349
相对读数值		0	+2	−1	0	+2	+1	−1
累加值		0	+2	+1	+1	+3	+4	+3
坐标变换量		+1.5	+2	+2.5	+3	+3.5	+4	+4.5
各点误差		+1.5	0	+1.5	+2	+0.5	0	+1.5

回测是为了在一定程度上发现粗大误差，并使数据更加准确。回测时注意不要将合像水平仪掉头，按顺测时同样的方法再逐点往回测，即先测测点 6 对测点 5 相对水平位置的高度差，再测测点 5 相对测点 4 的高度差，如此测回被测直线的左端点。

为了减少被测直线相对于水平位置的倾斜程度，可将第 1 至第 6 各测点测得的平均值减去同一个数(示例中为 350)得到"相对读数值"，它相当于将测出的直线绕测点 0 顺时针转动了一个角度，同时，数据减小后更方便做进一步的处理。

根据"相对读数值"可在坐标纸上描图出各点位置(注意作图时不要漏掉首点，同时后一点的坐标位置是以前一点为基准，根据相邻点差数取点的)，然后连成一条折线，此即为被测的实际直线，如图 3-8 所示。"累加值"即为各点对水平位置的高度(如测点 4 的高度为 3 格)。

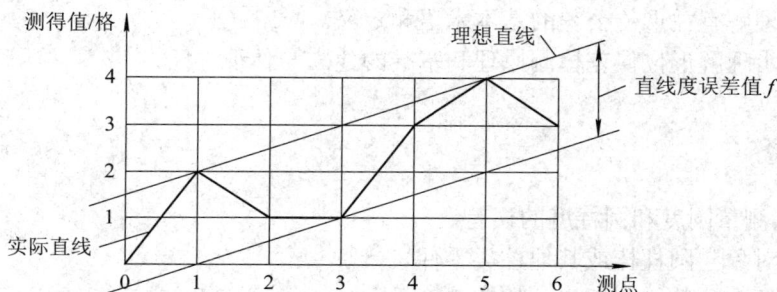

图 3-8　作图求直线度误差

对图 3-8 中测出的实际直线用最小条件可找到它的理想直线的位置，该理想直线正好过测点 1 和测点 5，据此可确定出该直线对应于每个测点处相对于水平位置的高度，记入表 3-3 中"坐标变换量"一栏。理想直线对应于每处的高度(即"坐标变换量")减去该测点的实际高度(即"累加值")即为各点的误差值。

由表 3-3 可以看出，测点 3 的误差最大，为 +2 格，于是根据式(3-2)可将此数作为 k 值代入，得到所求的直线度误差为

$$f = L \cdot k \cdot 读数手轮的分度值$$
$$= 200 \times 2 \times 0.01$$
$$= 0.004(\text{mm})$$
$$= 4\ (\mu\text{m})$$

(8) 仪器的保养：

① 合像水平仪使用前，用无腐蚀汽油将工作面上的防锈油洗净，并用脱脂棉纱擦拭干净。

② 温度变化对水准器的位置影响很大，使用时必须和热隔离，以免产生其他误差。

③ 测量时旋转刻度盘必须待气泡影像完全符合并静止后，按刻度盘正负方向的分度值进行读数。

④ 如发现合像水平仪的零位不正时，可进行调整。即将合像水平仪放在安置平稳的平台上，转动刻度盘使两气泡像重合得第一个读数 α，然后将仪器跳转 180°，放回原位，重新转动刻度盘使两气泡像重合，得第二个读数 β，则 $1/2(\alpha+\beta)$ 即为该仪器的零位偏差。此时可将刻度盘上的三个支撑螺钉松开。

合像水平仪使用完毕，必须将工作面擦拭干净，并涂以无水、无酸的防锈油，覆盖防潮纸装入盒中，置于清洁干燥处保管。

⑤ 合像水平仪调节请勿超出刻度板量程范围，以免损坏水平仪。

实验二　用两点法测量圆度和圆柱度误差

一、实验目的

(1) 加深理解有关形位公差的基本术语和定义。

(2) 进一步理解形位误差检测原理和基准的建立与体现。

二、实验内容

用两点法测量圆度和圆柱度的误差：

(1) 测量对象：圆柱棒或其他柱类零件。

(2) 确定标准参数：图纸尺寸如图 3-9 所示。

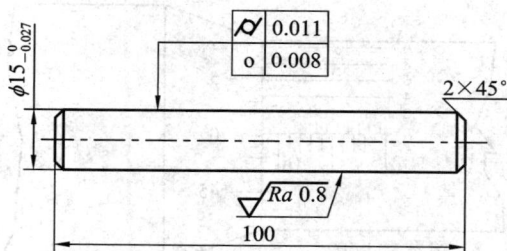

图3-9 图纸尺寸

(3) 选择量具：外径千分尺。

① 用途：测量工件的各种外形尺寸(如外圆直径、长度、厚度等)。

② 结构：外径千分尺的结构如图3-10所示。

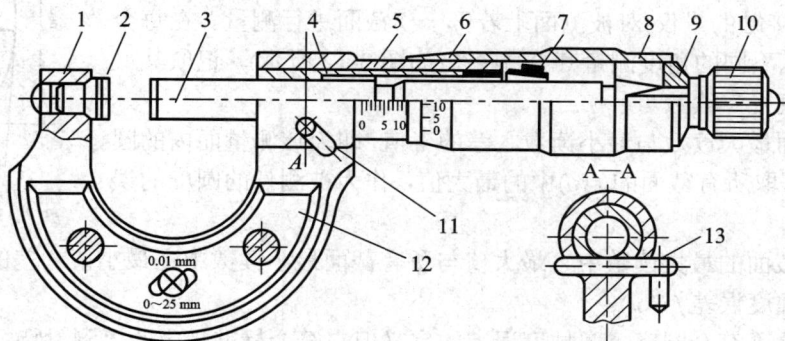

1—尺架；2—固定测量砧座；3—测微螺杆；4—轴套；5—固定套筒；6—微分筒；

7—螺母；8—接头；9—垫片；10—测力控制装置；11—锁紧装置；12—绝热板

图3-10 外径千分尺的结构

③ 工作原理：外径千分尺是利用螺旋的转角位移与直线位移成正比的原理读数的。固定套筒上有一条轴向中线，上下都有刻线，下面每一格是1 mm，上下错开半格即0.5 mm，外径千分尺螺纹的螺距为0.5 mm。微分筒上刻有50个等分刻度，当微分筒转一周时，测微螺杆就推进0.5 mm，此时当微分筒转一格时，测微螺杆就推进0.5/50=0.01 mm。与固定套筒上轴向中线还有几条平行的游标线，与游标卡尺一样，当游标线与微分筒上某一格对齐，读取游标线上显示的尺寸。

④ 在外径千分尺上读尺寸的方法可分四步：

第一步：读出微分筒边缘在固定套筒的多少尺寸数值(整数部分)。

第二步：微分筒边缘超出轴向中线上面的线(十分位，即超出0.5 mm)。

第三步：微分筒上那一格与固定套筒上基准线对齐(百分位)。

第四步：固定套筒上游标那一条线与微分筒上那一格对齐。

第五步：把四个读数加起来(详见图3-11所示的读数)。

⑤ 外径千分尺的基本量度指标如下：

A. 刻度值：0.002 mm。

B. 测量范围：0～25 mm、25 mm～50 mm、50 mm～75 mm、75 mm～100 mm等不同测量范围。

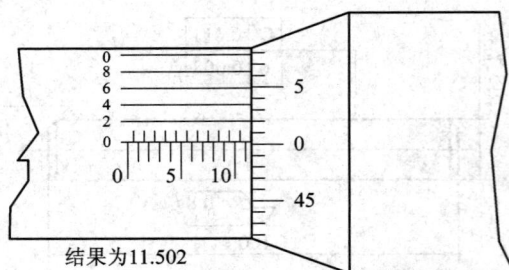

结果为11.502

图 3-11　读数

(4) 测量方法及原则：直接测量，两点法测量圆度和圆柱度遵循测量特征参数原则。

用两点法测量圆度和圆柱度误差，可用杠杆千分尺，外径千分尺(或其他两点接触的量仪)对被测面上若干个横截面进行测量。在每个横截面内，从不同的角度测量其"直径"(如图 3-12 所示)，记取其最大与最小"直径"读数。

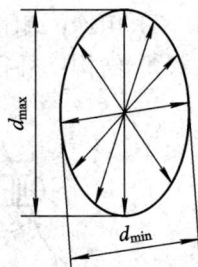

图 3-12　测量直径

同一截面最大读数与最小读数之差的半值，即为该测量面内的圆度误差 f(o)，取所有截面的 f(o)中的最大值，作为被测件的圆度的误差 f(o)。

取所有截面的最大读数中之最大值与所有截面最小读数中之最小值之差的半值，作为被测件的圆柱度误差 f(/o/)。

这种方法不符合圆度、圆柱度误差的定义但它符合标准规定的"测量特征参数原则"。作为一种近似测量、简单方便。故生产现场常采用这种方法。但两点法不适用具有奇数棱的工件(应用三点法)。

(5) 调整零位：

① 选择外径千分尺：按被测件的基本尺寸与公差大小，分别选择分度值与测量范围适合的外径千分尺。

② 使用外径千分尺时应注意的事项：

A．外径千分尺的两个测量面要擦拭干净，用脱脂棉花浸汽油将千分尺的两个测量面擦干净后，用一张薄薄的干净的白纸插入两个测量面之间，在刚好接触时，轻轻将纸拉出来，在使两个测量面接触(测量范围为 0～25 mm)，观察活动套筒上零线是否与固定套筒上基准线对准。对测量范围大于 25 mm 的外径千分尺，应在两个测量面之间安放尺寸为测量下限的校对用量杆，进行校对零位。

B．测量前将被测件表面擦干净，先转动活动套筒，当测量面将接近工件时改用测力控制装置。测力由棘轮定压机构控制。为使棘轮定压机构能起到保持测力恒定的作用，测量时需在量杆测量面尚未与工件接触时开始旋转测力装置，即棘轮；而且应保持平稳，不得有任何加速和冲击。直到棘轮发出吱吱声，一般响三下。为了保持整个测量过程相对稳定，每个方向都必须这样测量，排除人为粗大误差的。

C．测量时，一定是在直径方向上测量，并要注意温度的影响。

D．不能用外径千分尺去测量毛坯，更不能在工件转动时去测量。

E．读数时，尽量减小斜视引起的误差。

③ 外径千分尺的使用方法如图 3-13 所示。

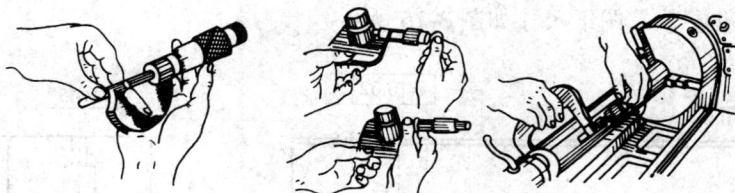

图 3-13　外径千分尺的使用方法

单手使用外径千分尺时，用大拇指和食指捏住活动套筒，用小拇指勾住尺架并压在手心上即可测量。双手使用外径千分尺的，有两种方法：一种是右手拿尺架，左手捏活动套筒，尺架自上向下测量；另一种是右手捏活动套筒，左手握住尺架的一端自下而上测量。这两种方法可任意选用。第一种主要在车床上使用外径千分尺的方法，一般情况使用第二种方法。

(6) 测量步骤如下：

① 用外径千分尺(或杠杆千分尺)在被测面的正截面 1—1 内，沿圆周上各个角度上测量直径尺寸，记录各次测量中的 d_{max} 和 d_{min}。

② 用同样方法在截面 2—2 和 3—3 内量取各方向的直径，测量圆度位置的示意图如图 3-14 所示。并记录 d_{max2}、d_{min2} 和 d_{max3}、d_{min3}。

③ 计量各个截面内的 $f(o)_1$、$f(o)_2$、$f(o)_3$。

④ 取其最大值作为被测面圆度误差 $f(o)$。

⑤ 取 $\dfrac{(d_{max})_{max} - (d_{min})_{min}}{2}$ 作为 $f(/o/)$。

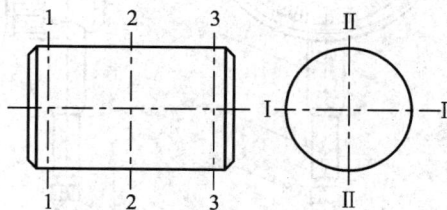

图 3-14　测量圆度位置的示意图

(7) 根据图纸尺寸要求判断两个项目的合格性。

实验三　用千分表测量平面与平面的平行度误差

一、实验目的

(1) 加深理解有关形位误差的基本术语和定义。

(2) 进一步理解形位误差检测原理和基准的建立与体现。

二、实验内容

用千分表测量平面与平面的平行度的误差：

(1) 测量对象：小平板或其他零件。

(2) 确定标准参数：图纸尺寸如图 3-15 所示。

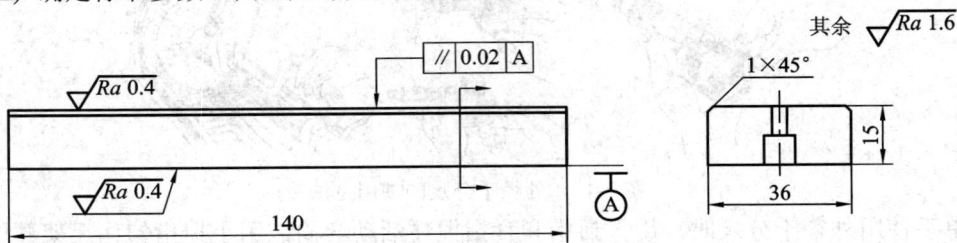

图 3-15　图纸尺寸

(3) 选择量具：千分表是成套使用的，包括千分表和千分表架。

① 用途：千分表是一种高精度的长度测量工具，广泛用于测量工件几何形状误差及相互位置误差。

② 结构：千分表表头与百分表表头相似，其外形如图 3-16 所示。

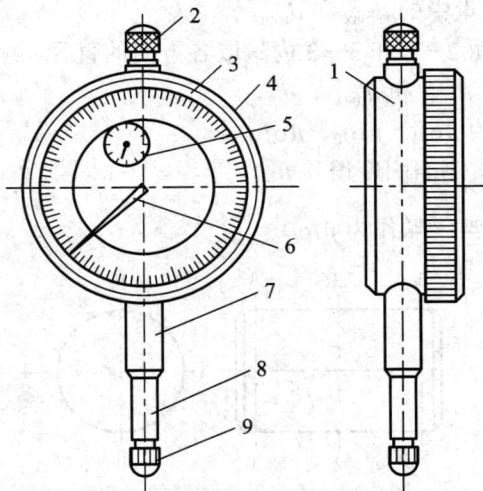

图 3-16　千分表表头的外形

③ 千分表基本度量指标如下：

A. 分度值：0.001 mm。

B. 指示表测量范围：0～1 mm。

C. 标尺示值范围：0～0.2 mm。

(4) 测量方法及原则：直接测量，注意基准的建立和体现以及遵循的测量原则。

(5) 建立基准：

① 被测工件的实际基准表面稳定地置于平板上(符合最小条件)建立基准——即以平板工作面代替实际基准表面作为测量基准。换句话说，就是以平板的工作平面模拟理想基准平面。

② 在千分表座沿着平板各个方向移动过程中，千分表测头在被测表面上充分扫过，指针的最大与最小示值，分别体现了两个平行于基准平面的理想最小包容面，最大与最小读数之差就是这个定向的最小包容区的"宽度"即为平行度的误差值。

(6) 测量原理及步骤：使用千分表测量的工作原理如图 3-17 所示。

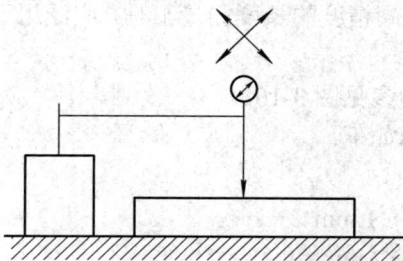

图 3-17　使用千分表测量的工作原理

使用千分表的测量步骤如下：

① 将工件基准表面稳定地置于平板上，建立基准。

② 安装调整好千分表，使千分表垂直于平板，压表半圆左右，装调千分表架时，注意要一手握表，另一手拧动螺丝，以免摔坏表头，装好后，检查各连接部位是否牢固，并轻提轻放测头 2～3 次，指针示值稳定后即可测量。

③ 将千分表座沿平板在各个方向上移动，使千分表测头充分扫过被测表面，同时观察千分表指针的示值变动情况，并记录指针的最大与最小读数(格)。

④ 以最大、最小读数之差作为平行度误差值。

(7) 根据图纸尺寸要求，判断该项目的合格性。

实验四　用千分表测量径向圆跳动和径向全跳动

一、实验目的

(1) 加深理解有关形位公差的基本术语和定义。

(2) 进一步理解形位误差检测原理和基准的建立与体现。

二、实验内容

用千分表测量径向圆跳动和径向全跳动：

(1) 测量对象：台阶轴或其他零件。

(2) 确定标准参数：图纸尺寸如图 3-18 所示。

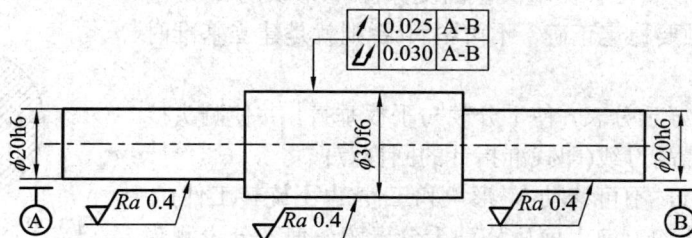

图 3-18　图纸尺寸

（3）选择量具：千分表是成套使用的，包括千分表和千分表座及千分表架。

① 用途：千分表是一种高精度的长度测量工具，广泛用于测量工件几何形状误差及相互位置误差。

② 结构：千分表的结构参见图 3-16。

③ 千分表基本度量指标如下：

A．分度值：0.001 mm。

B．指示表测量范围：0～1 mm。

C．标尺示值范围：0～0.2 mm。

（4）测量方法及原则：直接测量，注意基准的建立和体现及遵循的测量原则。

（5）被测表面是中段圆柱面，基准要素是两端圆柱面的公共轴线，用如图 3-19 所示的方法测量。基准是公共轴线，由置于平板上的一对等高 V 形块来模拟，工件在轴向定位的条件下绕基准轴线旋转，千分表座置于平板上一定位置，在垂直于基准轴线的一个测量平面内测量、工件旋转一周时表上指针的最大与最小读数之差，即为该测量平面的径向圆跳动。

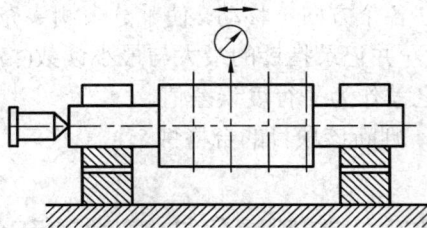

图 3-19　测量圆跳动与全跳动位置示意图

千分表座沿着平板顺基准轴线方向间断移动，每次均在垂直于基准轴线的一个测量平面内读出最大与最小读数，则得到若干个测量平面内的径向圆跳动，取所有测量平面跳动之最大值作为被测件的径向圆跳动 f(↗)。取整个测量过程中最大与最小读数之差作为被测件的径向全跳动 f(⌒↗)。

测量时，是在无轴向移动的情况下，工件绕基准轴线旋转。指示表的位置固定不动，完全符合测量跳动的要求。只要改变测量平面(沿轴线方向移动千分表)时，总是使测头正确地接触被测表面最高点(指针回程点)。评定出的被测面径向全跳动就是正确的、测量过程符合标准规定的"测量跳动原则"。

（6）测量步骤：

① 将一对等高 V 形块置于平板上备用。

② 建立基准，将工件两端圆柱面支撑在 V 形块的 V 形槽中。注意三者接触要稳定正确，不可歪斜(否则就是建立基准时不符合最小条件)。

③ 安装调整好千分表，使千分表与平板垂直，并使测头接触到被测表面的最高母线(即找准指针的回程点)。

在找最高点时，不可移动 V 形块和工件(也不旋转工件)，而应在垂直于轴线的方向上前后移动千分表座。使千分表测头在被测处的圆弧上扫过(如图 3-20 所示)。同时观察千分表指针

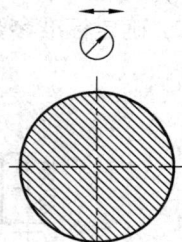

图 3-20　测头在被测处的
圆弧上扫过

示值的变动情况，表针为最大读数(回程点)的位置即为最高点。

④ 在轴向定位条件下(在实际操作中用左手食指在轴向方向定位，大拇指在径向方向定位，用右手旋转工件)，缓缓旋转工件一周(略超过一点)，记下千分表最大读数 $h_{\max 1}$ 与最小读数 $h_{\min 1}$。

⑤ 移动千分表到 2—2、3—3、4—4、…、n—n 等位置，均按上述方法找到最高点并测出 $h_{\max(2-n)}$ 和 $h_{\min(2-n)}$。操作时一定要细心，不可碰动已建立好基准的工件和 V 形块。

⑥ 数据处理：

A．计算每个测量平面内的径向圆跳动。即 $f(\nearrow)i = h_{\max i} - h_{\min i}$，并以其中的 $f(\nearrow)_{\max}$ 作为被测面径向圆跳动 $f(\nearrow)$。

B．计算被测面径向全跳动即

$$i(\swarrow\nearrow) = (h_{\max})_{\max} - (h_{\min})_{\min}$$

(7) 根据图样要求，判断两个项目是否合格。

实验五　用偏摆检查仪测量径向圆跳动和端面圆跳动

一、实验目的

(1) 加深理解有关形位公差的基本术语和定义。
(2) 进一步理解形位误差检测原理和基准的建立与体现。

二、实验内容

用偏摆检查仪(偏摆检测仪)测量径向圆跳动和端面圆跳动：
(1) 测量对象：台阶轴或其他零件。
(2) 确定标准参数：图纸尺寸如图 3-18 所示。
(3) 选择量具：偏摆检查仪。

① 用途：PHY3017 型偏摆检查仪，主要用于测量轴类、盘类产品及零部件径向跳动，椭圆度，端面精度误差，偏摆检查仪利用两顶尖定位轴类零件，转动被测零件，测头在被测零件径向方向上直接测量零件的径向跳动误差。

② 偏摆检查仪的外形如图 3-21 所示，其结构如图 3-22 所示。

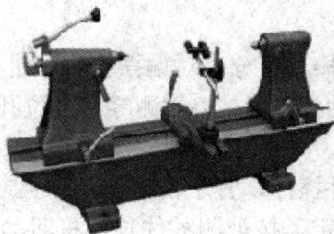

图 3-21　9-1PHY3017 型偏摆检查仪的外形

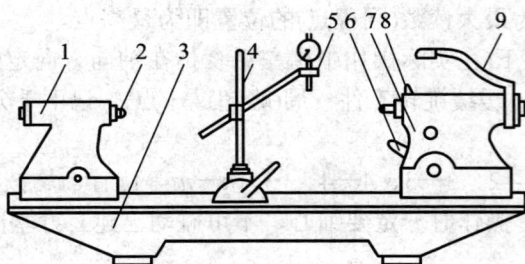

1—固定顶尖座；2—顶尖；3—仪座；4—百分表卡子；5—支架座；
6—偏心轴手把；7—活动顶尖座；8—紧定手把；9—球头手柄

图 3-22　偏摆检查仪的结构

③ 工作原理：它有两个等高锥形顶尖，安置在平行导轨的两端，本仪器以顶尖支撑定位被测零件，百分表(千分表)可在导轨上左右移动，百分表(千分表)与被测部位接触，被测件回转一周到一周半不超过两周时各测点位置可由百分表(千分表)指针摆动范围即为径向圆跳动或端面圆跳动。

④ 偏摆检查仪基本度量指标(主要技术参数)如下：

A. 莫氏 2 号顶尖 60° 锥面对莫氏锥的径向圆跳动不大于 0.005 mm。

B. 顶尖轴线在 100 mm 范围内对导轨的平行度(水平垂直方向)不大于 0.006 mm。

C. 被测零件最大直径 270 mm。

D. 测量长度为 300 mm；径向回转精度为 0.003 mm。

E. 偏摆检查仪的精度如表 3-4 所示。

表 3-4　偏摆检查仪的精度

	两顶尖连线对仪座导轨面的平行度		顶尖中心线在 100 mm 范围内对导轨的平行度
	顶尖距为 300 mm	顶尖距为 100 mm	
水平方向	≤0.006 mm	≤0.005 mm	≤0.005 mm
垂直方向	≤0.006 mm	≤0.003 mm	≤0.005 mm

(4) 测量方法：直接测量(测量轴类或盘类零件尺寸属于比较测量)。

(5) 建立基准：工件检测前应先用 $L = 300$ mm 检验棒和百分表对偏摆检查仪进行精度校验，在确保合格后，将被测件安装在两个顶尖，以两顶尖轴线模拟基准轴线。基准建立完毕检查是否稳定，稳定后开始调整百分表或千分表位置，将表头与被测件接触，给初始预压缩力，表转半圈左右，选好被测截面。

(6) 测量步骤：

① 先用 $L = 300$ mm 检验棒和百分表对偏摆检查仪进行精度校验。

② 将两顶尖用高精度汽油擦干净，将被测零件定位孔擦干净，将两顶尖位置根据被测零件长度调整好。

③ 安装被测零件，将零件擦净，置于偏摆仪两顶尖之间(带孔零件要装在偏心轴上)，首先将固定顶尖座在仪座上固定，按被测零件长度将活动顶尖固定在合适的位置，压下球头手柄，装入零件，用两顶尖顶住零件中心孔，使零件转动自加，但不允许轴向串动，然

后固紧两个顶尖座(当需要卸下零件时，一手扶着零件，一手向下按球头手柄即取下零件)。拧紧偏心轴把，拧紧固定把手，将顶尖固定，将活动表座放在所需位置。

④ 将百分(千分)表装在表架上，使表杆通过零件轴心线，并与轴心线大至垂直，测头与零件表面接触，并压缩约 1～2 圈后紧固表架，确定被测截面。

⑤ 进行测量，缓缓地旋转工件一周(略超过一点)，记下千分表最大读数 h_{max1} 与最小读数 h_{min1}。移动千分表到 2—2、3—3、4—4、…、n—n 等位置，均按上述方法找到最高点并测出 $h_{max(2-n)}$ 和 $h_{min(2-n)}$。在操作时一定要细心，不可碰动已建立好基准的工件。

⑥ 数据处理：

计算每个测量平面内的径向圆跳动，即 $f(\nearrow)i = h_{maxi} - h_{mini}$，并以其中 $f(\nearrow)_{max}$ 作为被测面径向圆跳动 $f(\nearrow)$。端面圆跳动的测量步骤如下：

A．将杠杆百分表夹持在偏摆仪的表架上，缓慢移动表架，使杠杆百分表的测量头与被测端面接触，并预压 0.4 mm 测杆的正确位置(表的测杆与被测轴线平行如图 3-23 所示)。

B．转动工件一周，记下百分表读数的最大值和最小值，该最大值与最小值之差，即为直径处的端面跳动误差。

C．在被测端面上均匀分布的三个直径处测量，取其三个中的最大值为该零件端面圆跳动误差。图 3-23 为用偏摆检查仪测量径向圆跳动和端面圆跳动的示意图。

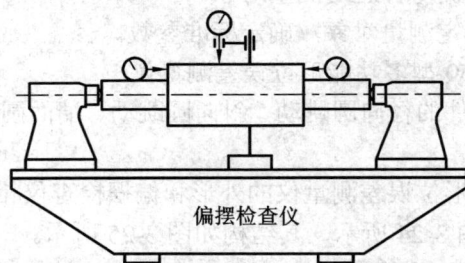

偏摆检查仪

图 3-23　用偏摆检查仪测量径向圆跳动和端面圆跳动的示意图

(7) 根据图样要求，判断两个项目是否合格。

比较用两个等高 V 形块来模拟基准轴线与偏摆检查仪测量同一个零件径向圆跳动的精度。

(8) 偏摆检查仪的使用和维护：

① 偏摆检查仪是精密的检测仪器，操作者必须熟练掌握仪器的操作技能，精心地维护保养，并指定专人使用。

② 偏摆检查仪必须始终保持设备完好，设备安装应平衡可靠，导轨面要光滑，无磕碰伤痕，而顶尖同轴度允差应在 $L = 300$ mm 范围内，a 向及 b 向均小于 0.02 mm。

③ 工件检测前应先用 $L = 300$ mm 的检验棒和百分表对偏摆检查仪进行精度校验，在确保合格后，方可使用。

④ 工件在检测时，应小心轻放，导轨面上不允许放置任何工具或工件。

⑤ 在工件检测完工后，应立即对仪器进行维护保养，导轨及顶尖套应上油防锈，并保持周围环境整洁。

⑥ 应指定专人于每月底对偏摆仪进行精度实测检查，确保设备完好，并做好实测记录。

实验六　用高精度偏摆检查仪测量形位误差

一、实验目的

(1) 了解 XW-250 型多功能形位误差测量仪(简称 XW-250 测量仪)的结构，掌握其可测定的项目及具体方法。

(2) 了解 XW-250 型多功能形位误差测量仪的工作原理，熟练掌握测量各项目的具体操作。

(3) 了解 XW-6 型形位误差数据采数器(简称采数器)的工作原理，掌握其使用方法。

(4) 进一步加深对其测量方法和有关术语的理解。

二、实验内容

配合 XW-6 型形位误差数据采数器测量各项形位误差：圆度测量、圆柱度测量、同轴度测量、轴线直线度测量、素线直线度测量、素线平行度测量、圆跳动测量、径向全跳动测量。

(1) 测量对象：根据被测零件选定测量对象。

(2) 确定标准参数：选定测量对象，确定标准参数。

(3) 选择量具：XW-250 型多功能形位误差测量仪。

① 用途：测量轴类零件的径向圆跳动、斜向圆跳动、端面圆跳动、圆度和圆柱度等精度要求较高形位误差。

② XW-250 型多功能形位误差测量仪的外形和偏摆检查仪相同，多了一个定位侧导轨和数据采数器。其外形如图 3-24 所示，其结构如图 3-25 所示。

图 3-24　XW-250 型多功能形位误差测量仪的外形

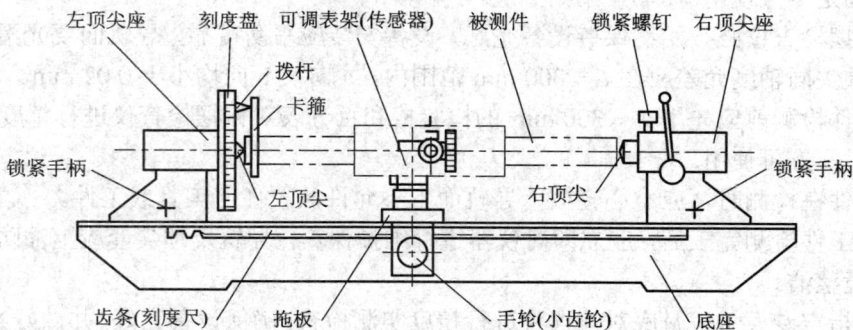

图 3-25　XW-250 型多功能形位误差测量仪的结构

A. 双顶尖支撑结构：高精度双顶尖支撑是保证本仪器具有较高回转精度的关键结构。轴类零件以其中心孔定位，盘套类零件以与零件相配的测量心轴上的中心孔定位，左顶尖为固定死顶尖，右顶尖为弹簧顶尖。

B. 刻度盘：刻度盘用以指示被测零件的圆周分度位置，以获得等距布点的数据(最多布点数为 144)。

C. 高精度底座导轨：底座上有平面度精度较高的平导轨和直线度精度高的侧导轨，侧导轨对两顶尖确定的回转轴线具有高精度的平行度。

D. 齿轮齿条机构及底座的刻度尺：转动手轮通过齿轮齿条机构驱动拖板沿导轨平稳移动。用沿底座的刻度线指示的拖板位置，以取得被测件轴向布点的数据。

③ 仪器工作原理：仪器以顶尖支撑定位被测零件，被测件回转时各测点位置可由仪器刻度盘读出；装在拖板上的传感器可由齿轮齿条机构带动，沿仪器侧导轨做平行于顶尖轴线的直线运动，其测头的轴向位置可由仪器上的刻度尺读出。

此仪器有两个重要的测量基准：一是仪器的回转轴线；二是与顶尖轴线平行的侧导轨。由于仪器两顶尖本身的形位精度高，因此仪器回转轴线的径向回转精度高，为此仪器除素线直线度以外的所有形位测量项目提供了精度保证。而仪器的侧导轨直线度及对顶尖轴线的平行度制造精度也较高，必要时还可进行误差分离，为需要测量的圆柱度、素线直线度、素线平行度及径向全跳动等项目的测量精度提供了保证。

仪器工作时，在被测零件各正截面上测量出各测点对回转轴线——测量基准的半径差值，或者在轴截面内测量出素线上各测点对平行于顶尖轴线的侧导轨——测量基准直线的变动量，经过数据处理即可得到各所测项目的形状或位置误差。

④ 型号及主要技术性参数：

A. 型号 XW-250X 的含义：

　　X：形状误差；W：位置误差；250：被测零件最大直径 250 mm；

　　X：Ⅰ—被测零件长度不大于 500 mm，Ⅱ—被测零件长度不大于 800 mm，

　　　　Ⅲ—被测零件最大长度大于 800 mm。

B. 径向回转精度：0.6 μm。

C. 侧导轨的直线度：6 μm(Ⅰ型)、7 μm(Ⅱ型)/全长 3 μm/100 mm。

D. 侧导轨对两顶尖轴线的平行度：8 μm(Ⅰ型)、9 μm(Ⅱ型)/全长 4 μm/100 mm。

E. 平导轨对两顶尖轴线的平行度：16 μm(Ⅰ型)、18 μm(Ⅱ型)/全长。

F. 被测零件最大直径：250 mm。

G. 被测零件最大长度：500 mm(Ⅰ型)、800 mm(Ⅱ型)。

H. 仪器使用的环境温度：10℃～35℃。

I. 外形尺寸(单位为 mm)：950 × 420 × 400(Ⅰ型)、1300 × 420 × 400(Ⅱ型)。

⑤ XW-6 型形位误差数据采数器：

A. 与 XW-250 型多功能形位误差测量仪及电感测微仪配用。半自动采集数据测量轴类及盘套类零件的圆度、圆柱度、同轴度、轴线直线度、圆柱素线直线度、圆柱素线平行度、圆跳动(径向、端面和斜向)和径向全跳动等形位误差。

B. 与电子水平仪配用。半自动采集数据测量零件的直线度、平面度。

C. 与自准直仪和电感仪配用(需在自准直仪的侧位目镜上加配机械接口)。半自动采集

数据测量零件的直线度、平面度。

D．要实现测量时数据的半自动采集，XW-6 型形位误差数据采数器须接受电感测微仪或电子水平仪的模拟量输入并进行模/数转换。采数器模/数转换的数显特性如下：

a．位数——数字 3 位半，最大显示数字为 1999。

b．极性——当测量为负时，自动显示"–"号，为正时不显示符号。

c．示值——示值的大小与电感测微仪的当前挡位有关，所采集数据的示值为输出电压的毫伏数(即字数)与当前挡位的分辨率的乘积。

例如，与系统适配的 DGB-5B 电感测微仪的性能如表 3-5 所示。

表 3-5　电感测微仪的性能

挡位	表盘分度值	数显分辨率	示值误差
± 3	0.1	0.003	± 0.06
± 10	0.5	0.01	± 0.25
± 30	1	0.03	± 0.5
± 100	5	0.1	± 2.5
± 300	10	0.3	± 5

⑥　系统各部分的连接：

A．电感测微仪的连接。电感测微仪的电源线与 220 V 的交流电源相连接；模拟量输入电缆分别与电感测微仪 9 针输出孔和形位数据采数器相连接；插接在电感测微仪 A 座上的轴向测头，安接在 XW-250 形位专用测量装置的表架上，用以测量圆度、圆柱度等八项形位误差。

B．XW-6 型形位误差数据采数器的连接及工作概况如图 3-26 所示。模拟量输入电缆的一端插接在采数器左侧下端的插座内；另一端插接在电感测微仪的 9 针输出孔座上。USB接口电缆的一端插接在采数器左侧上端的插座内；另一端插接在计算机上的一个 USB 接口上。采数器左侧内有一可调电位器，用来调节电感仪示值在正(或负)满量程时与计算机采数界面显示示值的一致性。采数器右侧有三个不同颜色的指示灯，右上方有一个蜂鸣器。

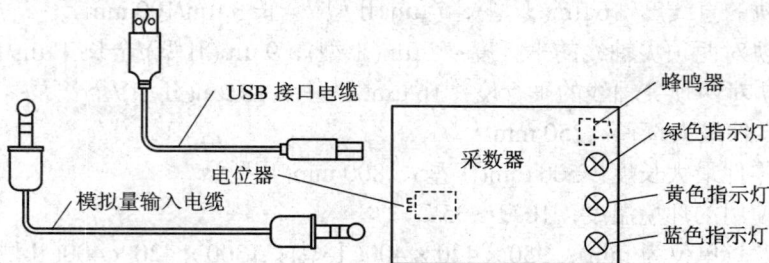

图 3-26　XW-6 型形位误差数据采数器的连接及工作概况

当计算机已接通电源，将采数器的 USB 接口电缆插接在计算机的 USB 口内时，蜂鸣器连响六声，蓝灯亮，绿灯亮，表示采数器已获得正常供电，并处于正常工作状态。计算机开机后，绿灯闪亮，表示计算机已处于等待采数的工作状态，当从系统软件中调出某一形位误差测量软件并选择"采集数据"方式输入数据，在软件运行至数据采集界面时，黄灯闪亮表示采数器已处于随时可采集数据的工作状态，单击"采数"按钮或按回车键即可采数。每采集一个数据蜂鸣响一声,依次采数,直至全部数据被采完。在确认全部采数结束后,运行系统退出采数界面,黄灯闪亮即告终止,一次半自动采集数据亦告完成。

C. 将 XW-6 软件锁插接在计算机的 USB 接口上。

⑦ 数据采集界面的操作:图 3-27 为电感测微仪在 XW-250 测量仪上测量圆柱度的数据采集界面示意图。界面中显示圆柱度的测量截面为 4 个,每个截面的测点数为 36 个。为了获得准确的采集数据,应按下述步骤进行操作。

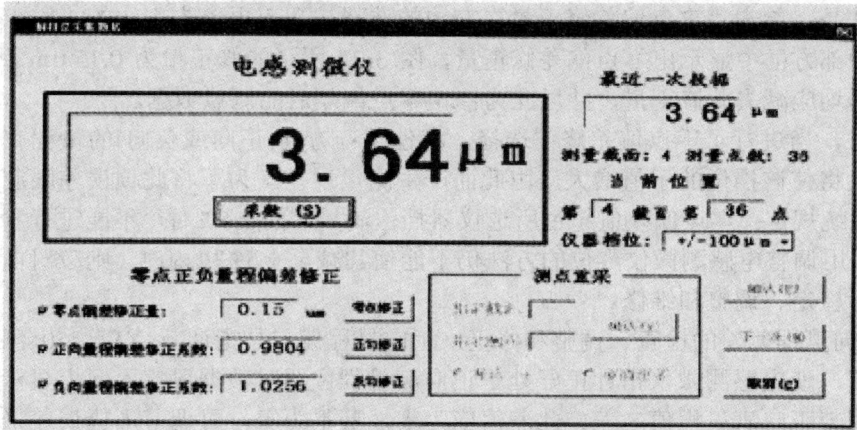

图 3-27 数据采集界面示意图

A. 仪器挡位的最后选定。在具体操作上,通常是在 XW-250 测量仪上粗测被测零件的径向全跳动,如粗测径向全跳动为 8 μm 左右,则应选择±10 μm 挡位进行圆柱度测量,不能选择±3 μm 挡位,亦不能选择±30 μm 挡位。在 XW-250 测量仪上测圆度时,先在仪器上粗测其径向全跳动,若粗测结果为 4 μm 左右,则应选择±3 μm 挡位进行测量,而不应该选择±10 μm 挡位。

B. 零点及正负量程偏差的修正。为了获得准确的测量数据,需保持数据采集界面电感仪的零点示值、正负满量程值与电感测微仪表盘指针的零点示值相一致。为此,在正式采集数据前,须检查在所选仪器挡位下上述三者之间是否一致。如有偏差,可采用调整的方法予以消除或对这些偏差进行修正。下面分别叙述对此三项偏差的检查、调整及修正方法。

当采集数据结束后,若发现采集数据过程中个别数据需要再采集一次时,可使用"测点重采"功能,如图 3-28 所示,对指定截面和指定位置的数据进行再次采集操作。这个重采数据将替换原来的数据。

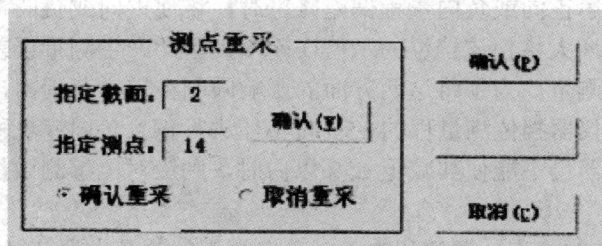

图 3-28 "测点重采"功能

（4）测量方法：直接测量(如果要测量轴类零件直径可以用比较测量)。

（5）零点偏差的检查和修正：零点偏差是指调节 XW-250 测量仪上的轴向测头位置，使电感测微仪指针刚好处于零点位置时数据采集界面上显示出零点示值。此示值若不为零，可微调电感测微仪上的电位器，使其为零；然后用调节电感测微仪的机械零位使其准确地处于零点位置。这样就消除了零点偏差，而无需进行零位偏差的修正。

当调节电感测微仪的机械零位未能完全消除零位偏差时，可对零位偏差进行修正操作。其操作方法是：单击"零点偏差修正量"左边的选择按钮，再单击右边的"零点修正"按钮，则在中部方框中显示出零点偏差修正量，图 3-27 所示的修正量为 0.15 μm，其后的所有采集数据均应减去此修正量，并以此为修正零点偏差后的测量数据。

测量时，当进行了零点偏差修正选择，将使某一方向(正向或负向)的量程有所增大，而量程增大将使该挡位的示值增大，由此而产生测量误差。为了将此项误差限制在较小范围内，本系统规定：零点偏差值超过所选仪器挡位满量程的 ±5% 时，不能进行零点偏差修正操作。采用调整电感测微仪零位的方法仍不能使其减至 ±5% 以内时，则应对电感测微仪的质量进行检定、调整和维修。

① 正向量程偏差的检查、调整和修正：正向量程偏差是指调节 XW-250 测量仪上轴向测头位置，使电感测微仪指针正好处于正向满量程位置时数据采集界面上显示出正向满量程的示值与正向满量程值之差。此差值应为零，若不为零，可调节形位误差采数器上的电位器，使数据采集界面上的示值与电感测微仪表盘上的指针指示的正向满量程值完全一致，如此就消除了正向量程偏差，而无需进行正向量程偏差的修正操作。对正向量程偏差而言，用调节采数器的电位器的方法通常就能够做到消除其正向量程偏差。

当调节采数器电位器未能完全消除正向零偏差或为了平衡正负量程偏差，不致使正向量程偏差过大而保留了适度的正向量程偏差时，可对正向零位偏差进行修正。其操作方法是：在电感测微仪表盘指针指向正向满量程时，单击左边的"正向量程偏差修正系数"按钮，再单击右边的"正向修正"按钮，则在中部方框中显示出正向量程偏差修正系数。正向量程偏差修正系数为

$$正向量程偏差修正系数 = \frac{正向满量程值}{正向满量程界面示值 - 零位偏差修正量}$$

例如，正向满量程值为 10 μm，正向满量程界面示值为 10.35 μm，零位偏差修正量为 0.15 μm，经计算得出的正向量程偏差修正示数为如图 3-27 所示的 0.9804。测量中采集的所有正值数据均应按下式修正，有

修正后的采集数据 =(正值采集数据 – 零点偏差修正量)× 正向量程偏差修正系数

测量时，当选择了正向或负向量程偏差修正时，将使正向或负向量程在实质上有所增加或有所减少。量程增大将使该挡位的示值误差增大由此产生测量误差，量程减少影响实际覆盖范围而不利于测量。为了将这两方面的影响限制在较小范围内，本系统规定正、负向量程偏差超过所选仪器挡位满量程的 ±5% 时不能进行正、负向满量程偏差修正操作，当调节采数器上的电位器仍不能使其减至 ±5% 以内时，则应对电感测微仪的质量进行检定、调整和维修。

② 负向量程偏差的检查、调整和修正：负向量程偏差是指调节 XW-250 测量仪上轴向测头位置，使电感测微仪表盘指针正好处于负向满量程位置时，数据采集窗体上显示出

的负向满量程示值与负向满量程值之差。

此差值应为零，若不为零，但偏差未超出负向满量程的±5%时，可直接对负向量程偏差进行修正操作。其操作方法是：在电感仪指针指向负向满量程位置时，单击左边的"负向量程偏差修正系数"按钮，再单击右边的"负向修正"按钮，则在中部方框中显示出负向量程偏差修正系数。负向量程偏差修正系数按以下计算，有

$$负向量程偏差修正系数 = \frac{负向满量程值}{负向满量程界面示值 - 零位偏差修正量}$$

例如，负向满量程值为 $-10\ \mu m$，负向满量程界面示值为 $-9.6\ \mu m$，零位偏差修正量为 $0.15\ \mu m$，经计算得出的负向量程偏差修正系数为如图 3-27 所示的 1.0256。测量中采集的所有的负值数据应按下式计算，有

修正后的采集数据 = (负值采集数据 - 零点偏差修正量) × 负向量程偏差修正系数

若经检查负向量程偏差超过负向满量程值得 ±5%时，是不能进行负向量程偏差修正操作的。此时，可调节采数器的电位器使之减小。但须注意调节电位器减小负向量程偏差的同时，正向量程偏差将随之发生变化，应按照正负向量程偏差的绝对值大致相等的原则来调节电位器。若经调节正负量程偏差修正量已不超过满量程的 ±5%，则可再对正负量程偏差进行修正操作。

(6) 测量步骤：

① 测量数据的采集：在完成对零点及正(负)向量程偏差修正操作后，即可开始采集测量数据。首先将 XW-250 测量仪的轴向测头调整至被测零件的第一个截面，分度盘转至第一测点("0"刻度)位置，此时采集数据窗体上显示当前位置为第一截面的第一测点。当窗体上电感测微仪显示值稳定后即可点击"采数"按钮或按"回车"键采数，每采一个数据采数器上的蜂鸣器响一声，提示该数据已被采集并将该数据显示在窗体右上边的"最近一次数据"的显示框中，以便于操作者判断此次采集的数据是否有误。

② 测点重采：当个别数据有错或可疑时，应进行"测点重采"操作。点击"测点重采"界面中的"确认重采"按钮，选定指定截面数及指定测点位置进行重采。

③ 安装被测零件：在被测件或测量心轴的左端装上卡箍，将被测件安装在两顶尖上支撑定位，拧紧左右顶尖座下方的锁紧手柄。安装被测件时，右顶尖的弹簧压力应适当，安装好后用右顶尖座上方的锁紧螺钉锁紧。调节拨杆的位置，使卡箍通过拨杆与刻度盘相连。

④ 调整传感器(指示表)的初始位置：调节夹持器使测量头轴线处于应有的方位，通过可调表架调整传感器上下、前后位置，使测量头轴线与回转轴线共面，并使传感器对零位，锁紧相应手柄。

(7) 各项目的测量及其判断：

① 圆度测量：

A. 在被测回转体(圆柱面或圆锥面)拟测的正截面上以偶数均匀分布若干个测点(测点数最少为 24)，以刻度盘上零点为第一测点，按动按钮一次，该测点的半径差值即被采入计算机。

B. 转动刻度盘，依次采入各预定测点的半径差值。刻度盘转动一周，数据采集完毕。

C. 如上测量若干个截面，以在各截面测得的圆度误差值中的最大者为该回转体的圆

度误差。

② 圆柱度测量：

A．在被测圆柱面上等距布置若干个截面(截面数不应少于 3)，在各截面上偶数均布若干个测点(测点数最少为 24)，从第一截面开始自零度起依次采入各测点半径差数据。

B．在传感器位置不做任何调整的情况下，移动拖板将传感器移动至下一个被测截面，仍从零度起依次采入该截面各测点数据，如此依次采集完毕各截面的数据。

C．在进行较高精度的圆柱度测量时，为减少导轨平行度位差对测量精度的影响，可用误差分离的方法分离导轨平行度误差，提高圆柱度的测量精度。

③ 同轴度测量：

A．在被测零件的基准部位和被测部位上分别布置若干个测量截面(截面间距等距、不等距均可)，在各截面上偶数均布若干个测点(测点数最少为 8)。

B．首先从零度开始，依次采入基准部位第一个被测截面各测点的数据(半径差值)，移动拖板将传感器移动至第二个被测截面，仍从零度开始依次采入各测点数据，如此采集完毕各截面的数据。

C．再从零度开始依次采入被测部位第三个被测截面各测点数据。移动拖板依次采入被测部位各截面各测点的数据。

④ 轴线直线度测量：

A．在被测零件上布置若干个截面(截面间距等距、不等距均可)，在各截面上偶数均布若干个测点(测点数最少为 8)。

B．依次采入各截面自零度开始的各测点的数据(半径差值)，直致全部数据采集完毕。

C．公共轴线的同轴度测量与本节轴线直线度测量方法完全相同。

⑤ 素线直线度测量：

A．在被测圆柱面的拟测素线上均匀分布若干点(点数不应少于 3)。

B．采入第一点的数据，移动拖板依次采入其余测点的数据直到数据采集完毕。

C．如上测量若干条素线，以在各素线上测得的直线度误差中最大者为该圆柱面的素线直线度误差。

D．在进行较高精度的素线直线度测量时，为减少导轨直线度误差对测量精度的影响，可用误差分离的方法通过分离导轨平行度误差来分离导轨直线度误差。

⑥ 素线平行度测量：

A．在被测圆柱面轴截面内拟测的两平行素线上分别均匀分布若干点(点数不应少于 3)。

B．在基准素线上采集第一测点的数据，移动刻度盘依次采入其余各测点的数据。转动刻度盘，使被测零件回转 180°，从第一测点开始，依次采入被测素线上各测点的数据。

C．如上测量若干组平行线，以在各组平行线上测得的平行度误差值中的最大者为该圆柱面素线平行度误差。

D．在进行较高精度的测量时，为减少导轨平行度误差对测量精度的影响，可用误差分离的方法分离导轨平行度误差，提高素线平行度的测量精度。

⑦ 圆跳动测量：

A．测量径向圆跳动应使测头轴线与被测件轴线垂直；测端面圆跳动应使测头轴线与被测件轴线平行；测斜向圆跳动应使测头轴线与被测件素线垂直。

Ｂ．转动刻度盘，使零件回转一周，此时读取指示计的最大与最小读数值，其差值即为相应的圆跳动值。

⑧　径向全跳动测量：

Ａ．在被测圆柱面上布置若干个截面，在第一截面上读取或采入最大、最小读数值。

Ｂ．在传感器位置不做任何调整的情况下，移动拖板将传感器移动至下一个截面，读取或采入该截面的最大、最小读数值。

Ｃ．在进行较高精度的圆柱度测量时，为减少导轨平行度位差对测量精度的影响，可用误差分离的方法分离导轨平行度误差，提高径向全跳动测量精度。

(8)　XW-250 型多功能形位误差测量仪的使用和维护：

①　合金顶尖为关键零件，其工作表面绝对禁止磕碰。

②　侧导轨为仪器关键部位，精度高，需注意保护。

③　经常保持侧导轨、平行轨的清洁及润滑。

④　每次测量前顶尖和中心孔接触处要擦净并上油润滑。

⑤　安装被测件要拧紧顶尖座下方的手柄，以防止顶尖座后滑，使被测件掉在导轨上碰伤被测件或砸伤导轨。

⑥　在安装被测件时，右顶尖的弹簧压力应适当，不可太松，亦不可过紧。安装卡好后，注意勿将右顶尖座上方的锁紧螺钉拧紧，以免产生附加的轴线径向回转误差，影响测量精度。

⑦　在测量时，无论是转动分度盘还是移动拖板，均应单项驱动。

⑧　测量架前方配重板上有两个较大的调节螺丝，用以调节压紧滚动轴承的弹簧压力。适当调节两个螺丝，可使拖板正反两个方向运动平稳，示值变差最小。

实验七　用 KSY2.5 次元测量机测量零件的形位误差

自选测量项目，视频教学。

第四章　表面粗糙度的测量

表面粗糙度是指加工表面所具有的较小间距和微小峰谷不平度。这种微观几何形状的尺寸特征，一般是由零件的加工过程和(或)其他因素形成。表面粗糙度对机械零件的配合性能(如耐磨性、工作精度、抗腐蚀性)有着密切的关系，它影响到机器或仪器的可靠性和使用寿命。

实验一　用 9J 型双管显微镜测量样块的表面轮廓最大高度 Rz

一、实验目的

了解光切显微镜的结构原理，掌握其使用方法。加深对有关表面粗糙度及其测量的术语概念的理解。

二、实验内容

用 9J 型双管显微镜按 Rz 测量样块的表面轮廓最大高度：
(1) 测量对象：表面加工完好的样件或其他要测量的样件。
(2) 确定标准参数：图纸尺寸如图 4-1 所示。
(3) 选择量具：9J 型双管显微镜的结构如图 4-2 所示。

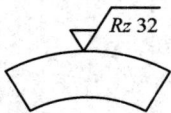

1—基座；
2—立柱；
3—横臂；
4—转动手轮；
5—横臂锁紧旋钮；
6—微调旋钮；
7—手柄；
8—照明灯；
9—摄影装置插座；
10—摄影装置；
11—测微目镜；
12—可替换的物镜组；
13—相机快门线；
14—壳体

图 4-1　图纸尺寸

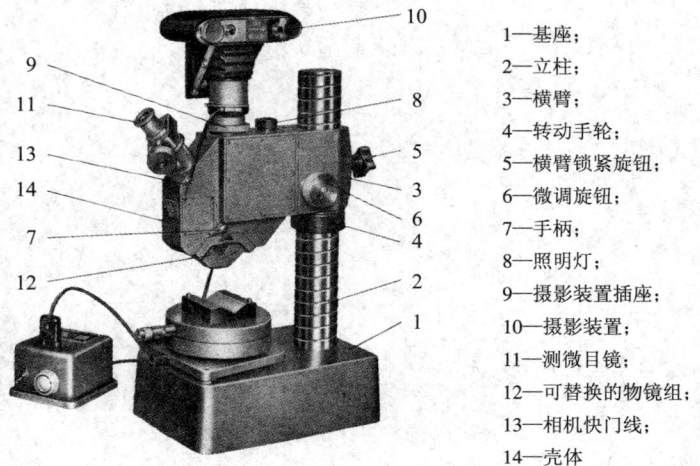

图 4-2　9J 型双管显微镜的结构

① 用途：9J 型双管显微镜是利用光切原理制成的，故也称为光切显微镜。它是以光切法测量和观察机械制造中零件加工表面的微观几何形状，在不破坏表面条件下，测出截面轮廓的微观不平度和沟槽宽度的实际尺寸。此外，还可测量表面上个别位置的加工痕迹和破损。本仪器适用于测量 $Rz = 0.8\ \mu m \sim 90\ \mu m$ 的表面，但只能对外表面进行测定，如需对内表面进行测定，而又不能破坏被测零件，则可用一块胶体把被测面模印下来，然后测量模印下来的胶体表面。

② 结构：9J 型双管显微镜的结构如图 4-2 所示。

③ 9J 型双管显微镜的工作原理(如图 4-3 所示)：狭缝被光源发出的光线照射后，通过物镜发出一束光带以倾斜 45° 方向照射在被测量的表面上。具有齿状的不平表面，被光亮的具有平直边缘的狭缝像的亮带照射后，表面的波峰在 s 点产生发射，波谷在 s' 点产生反射，通过观测显微镜的物镜，它们各自成像在分划板的 a 和 a' 点。

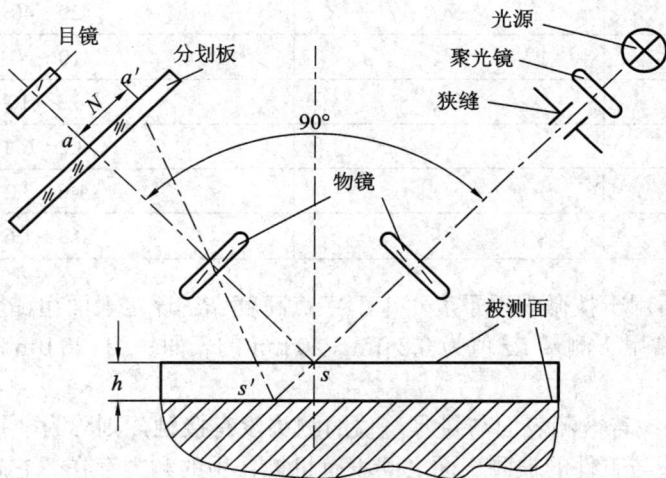

图 4-3　9J 型双管显微镜的工作原理

在目镜中观察到的即为具有与被测表面一样的齿状亮带。被测表面的微观不平度 h 为

$$h = \frac{N}{V} \cos 45°$$

其中，N 为测量读数；V 为物镜的放大倍数。

④ 仪器的基本量度指标如下：

A．摄影装置的放大倍数约为 6 倍。

B．测量不平度范围约为 $0.8\ \mu m \sim 80\ \mu m$。

C．不平宽度小于 $\dfrac{用测微目镜 \approx (0.7\ mm \sim 2.5\ mm)}{用坐标工作台 \approx (0.01\ mm \sim 13\ mm)}$。

D．仪器外形尺寸约为 $180\ mm \times 290\ mm \times 470\ mm$。

⑤ 仪器的规格如表 4-1 所示。

光切显微镜可以测出表面不平度平均高度值 Rz。按国家标准，表面光洁度等级与不平度平均高度值 Rz 的关系，如表 4-2 所示。

表 4-1　仪 器 的 规 格

测量范围 Rz /μm	所需物镜	总放大倍数	物镜组件与被件的距离/mm	视场直径 /mm	系数 E μm/格
0.8～1.6	60×	510×	0.04	0.3	0.16
1.6～6.3	30×	260×	0.2	0.6	0.29
6.3～20	14×	120×	2.5	1.3	0.63
20～80	7×	60×	9.5	2.5	1.28

表 4-2　表面光洁度等级与不平度平均高度值的关系

表面光洁度等级	符号	不平度平均高度值 Rz/μm
3	▽₃	40～80
4	▽₄	20～40
5	▽₅	10～20
6	▽₆	6.3～10
7	▽₇	3.2～6.3
8	▽₈	1.6～3.2
9	▽₉	0.8～1.6

　　光切显微镜适用于按微观不平度"十"字点高度 Rz 评定表面粗糙度。其测量范围为 0.8 μm～80 μm，常用于测量 Rz 值为 0.8 μm～20 μm 的表面(大于 20 μm 的表面多采用比较法检验)。

　　(4) 测量方法：若被测表面与量具量仪的测头没有接触，则称为非接触测量。也就是说，仪器的测量头与工件的被测表面之间没有机械作用的测力存在。它也称为间接测量方法，间接测量方法是指先测量出与被测量有已知函数关系的量，然后通过函数关系算出被测量的测量方法。

　　(5) 调整量仪：

　　① 根据被测件的情况，查表 4-1 选择物镜的放大倍数和选择取样长度为 l 及评定长度 $L_n = n \cdot l$ 的数值，安装好物镜，选择适当的物镜插在滑板上，拆下物镜时应先按下手柄，插入所需的物镜后，放松手柄即可。

　　② 将擦洗干净的被测件置于量仪工件台上，使其切削痕迹方向与光带垂直。并使测量表面平行于工作台平面(精确到 1°)；对于圆柱形或锥形工作物可放在工作台 V 形块上。

　　③ 接通光源，调整目镜视度，使目镜中的十字线清晰。

　　④ 松开横臂锁紧旋钮，旋转粗调螺母将横臂下降到最低的安全位置(就是横臂下到最低，但不能挨着被测件)将横臂锁紧。

　　⑤ 调焦的操作方法：

　　A．初调：松开横臂锁紧旋钮，旋转粗调螺母，使横臂慢慢往上移动，直到目镜中看到波状绿色光带，便将横臂锁紧。

　　B．微调：细心往复旋转微调手轮，将目镜中的波形光带调到最狭窄且清晰的位置。

⑥ 松开测微目镜的锁紧旋钮,将测微目镜斜置45°,将"十"字线的一条水平线调到与大多数波峰平行或相切,然后旋转工件台纵向测微计并同时观察目镜中光带移动的情况,确定一个取样长度为 l 的范围(包括多个峰谷)。取样长度与评定长度应根据表4-3来选择。

表4-3　取样长度与评定长度的选择

取样长度/mm	0.08	0.25	0.8	2.5	5.0
评定长度/mm	0.40	1.25	10.0	12.5	41.0
Rz 或 Ry/μm	>0.025～0.10	>0.1～0.5	>0.5～10.0	>10.0～50.0	>50.0～320

⑦ 调准测量基准的方向:将"十"字线的水平线调整到光带的一边,并使之在 l 的范围内处于与同侧波峰或波谷相切的位置如图4-4所示,将测微目镜的旋钮锁紧。

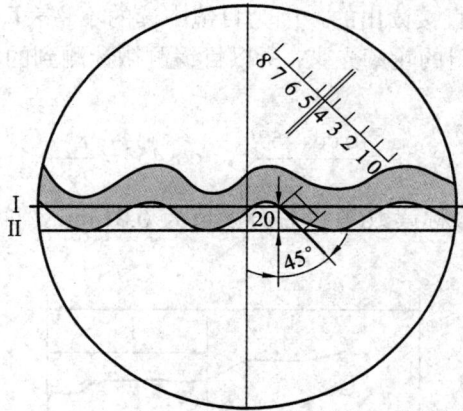

图 4-4　相切位置的示意图

(6) 测量步骤:根据 Rz 的定义,应在一个取样长度 l 内测出轮廓上5个最大峰高 Y_{p1},Y_{p2},…,Y_{p5} 和5个最大低谷 Y_{v1},Y_{v2},…,Y_{v5},如图4-5所示,并按下式计算该取样长度内的 Rz 值,有

$$Rz = \frac{1}{5}\left(\sum_{i=1}^{5} Y_{pi} + \sum_{i=1}^{5} Y_{vi}\right)$$

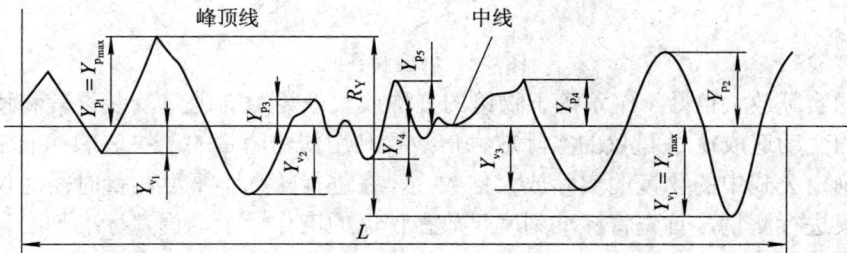

图 4-5　5个最大峰高和5个最大低谷

可见,其测量基准是中线,也就是说,测量时应按每个取样长度内的中线的实际位置来将目镜千分尺对零位或者记下中线位置的目镜读数作为零位数,并以它作为测量10个峰谷高度的起点。但实际测量时并不需要这么做。

如果把测量基准换成一条平行中线的直线(位置不需特别规定)，则有如图 4-6 所示的关系，有

$$Y_p + Y_v = h_p - h_v$$

由定义式 $Rz = \dfrac{1}{5}\left(\displaystyle\sum_{i=1}^{5} Y_{pi} + \sum_{i=1}^{5} Y_{vi}\right)$ 可导出下式，有

$$Rz = \dfrac{1}{5}\left(\displaystyle\sum_{i=1}^{5} h_{pi} - \sum_{i=1}^{5} h_{vi}\right)$$

只要在垂直于中线的方向上测量并记取 10 个点的 h 值，便可算出该取样长度内的 Rz，但是 h 值是不能从目镜中直接读出的，因为目镜中读的不是表面轮廓本身，而是经过物镜放大，并经过两次 45° 倾斜的轮廓光带，所以目镜测微计测到的峰值 Y_p 和谷值 Y_v(如图 4-6 所示)应按下式换成 h，有

$$h = \frac{a\cos 45°}{v} \cdot \cos 45° = \frac{a}{2v}$$

其中，a 为目镜测微计的公称读数(其公称分度值为 0.01 mm，即 10 μm)；v 为物镜的实际放大倍数。

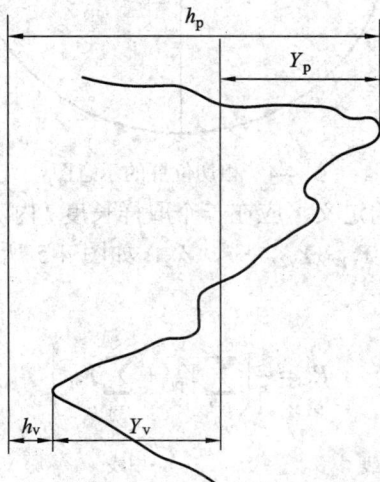

图 4-6 峰值和谷值

这里的实际放大倍数 v 绝不等于物镜的公称放大倍数(由制造、安装误差和使用一段时间后引起的变动造成)，故量仪的实际放大倍数要利用仪器附带的一块玻璃标准刻度尺来核实：为了确定公式中的物镜的实际放大倍数 v，在进行轮廓不平度测量时需对仪器备有的标准刻度尺进行测量，首先将标准刻度尺放在仪器的工作台上，调整标准刻度尺刻线清晰地成像在目镜视场中，并且使其刻线和狭缝像垂直，分划板"十"字线的运动方向与狭缝像平行。然后将分划板"十"字线交点对准标准刻度尺的一端，按测微目镜的分划与测微鼓轮进行第一次读数，如图 4-7 所示。把"十"字线交点移到标准刻度尺的另一端，再以同法进行第二次读数。此时，测微目镜的两次读数差与标准刻度尺选择段刻度数之比，就是显微镜物镜的实际放大倍数 v。

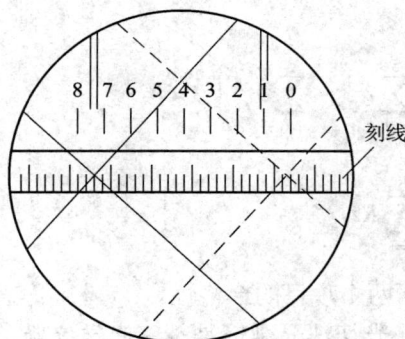

图 4-7 放大倍数的读数

为了使计算方便简单，可以用玻璃标准刻度尺直接核实量仪目镜测微计的实际分度值 C，即得 $h = ac$，因此，可以直接计算，有

$$Rz = \frac{1}{5}\left(\sum_{i=1}^{5} a_{pi} - \sum_{i=1}^{5} a_{vi}\right) \cdot C$$

显然，$C = \frac{1}{2v}$，故两种核实作用相同，只是计算不同而已，只要测出评定长度 L_n 所包含的 n 个取样长度内的 $Rz_1 \sim Rz_n$，便可算出其平均值，即为被测面的微观不平度十点高度，有

$$Rz_{平均} = \frac{1}{n}\sum_{i=1}^{5} Rz_i$$

使用目镜测微计的具体测量步骤如下：

① 一个取样长度内的测量，旋转目镜测微计，使"十"字线的水平线在取样长度 l 内依次与轮廓光带一边的最高峰、次高峰……第五高峰点相切，记下各次读数 $a_{p1}, a_{p2}, \cdots, a_{p5}$ 的格数，然后将该水平线调到同侧光带的下方，依次与最低谷点、次低谷点……第五低谷点相切，记下各次读数 $a_{v1}, a_{v2}, \cdots, a_{v5}$ 的格数。

② 旋转工作台纵向测微计，使光带在视场内移过一个取样长度 l，进行第二个(然后从第三个至第 n 个)，取样长度内的测量。

注意：每改换一个取样长度，要重新核准一次"中线方向"，并记好每个 l 内的 $a_{p1} \sim a_{p5}$ 和 $a_{v1} \sim a_{v5}$ 的格数。图 4-8 为体现中线方向的示意图。

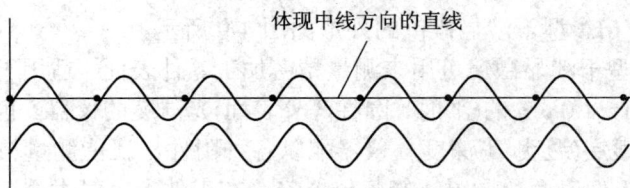

图 4-8 体现中线方向的示意图

③ 数据处理如下：

A. 每个 l 内的 $Rz = \dfrac{1}{5}\left(\displaystyle\sum_{i=1}^{5} a_{p_i} - \sum_{i=1}^{5} a_{v_i}\right) \cdot C$。

B. n 个 l 内 $Rz_{平均} = \dfrac{1}{n}\displaystyle\sum_{i=1}^{5} Rz_i$。

(7) 根据图样要求，判断两个项目的合格性。

(8) 仪器的维护与保养：光切法显微镜是精密光学仪器，为维持仪器的原有精度和延长仪器的使用寿命，保证测量工作的顺利进行，故对仪器必须细心地保养和使用，其方法有以下几个方面。

① 仪器的使用和安放地点必须避免灰尘、潮湿、过冷、过热与含有酸碱性的蒸气。

② 仪器平时最好有保护罩盖住，并附有干燥剂。

③ 透镜的擦拭采用脱脂的棉花、纱布或透镜纸。方法是用脱脂的棉花蘸以少许酒精和乙醚混合液(或二甲苯)轻轻擦拭。

④ 仪器立柱及未涂漆的其他外表面，要涂以薄层润滑油脂。对机械部分所附油脂，因日久硬化或灰尘积累，必须清洗。然后再擦上少许润滑油脂。

⑤ 仪器出厂前皆经过慎重的校验，为了保持原有精度，除允许移动的部分外，其余部分(如必须拆卸修理)应送有关工厂或在专责人员指导下方可进行。

实验二　用 6JA 型干涉显微镜测量零件的表面轮廓最大高度 Rz

一、实验目的

了解干涉显微镜的结构原理，掌握其使用方法。加深对有关表面粗糙度及其测量的术语概念的理解。

二、实验内容

用 6JA 型干涉显微镜测量零件表面轮廓的最大高度 Rz：

(1) 测量对象：表面加工完好的样件或其他需要测量的样件 Rz(本实验测量 1 级块规)。

(2) 确定标准参数：按 1 级块规的标准粗糙度要求。

(3) 选择量具：6JA 型干涉显微镜的外形如图 4-9 所示。

① 用途：6JA 型干涉显微镜可用来测量精密加工零件表面，适用于测量轮廓最大高度的 Rz 值为 0.063 μm～1.0 μm 的(平面、圆柱等外表面)光洁度的仪器。也可以用来测量零件表面的刻线、刻槽镀层(透明)等深度。仪器配以各种附件，还能测量粒状，加工纹路混乱表面，低反射率的工件表面，同时还能将仪器安置在工件上，对大型工件表面进行测量。在金相研究中，主要用来显示并测量试样表面的微小高度差，从而研究金相磨面的微观几何外形及塑性变形中滑移带的间距等。

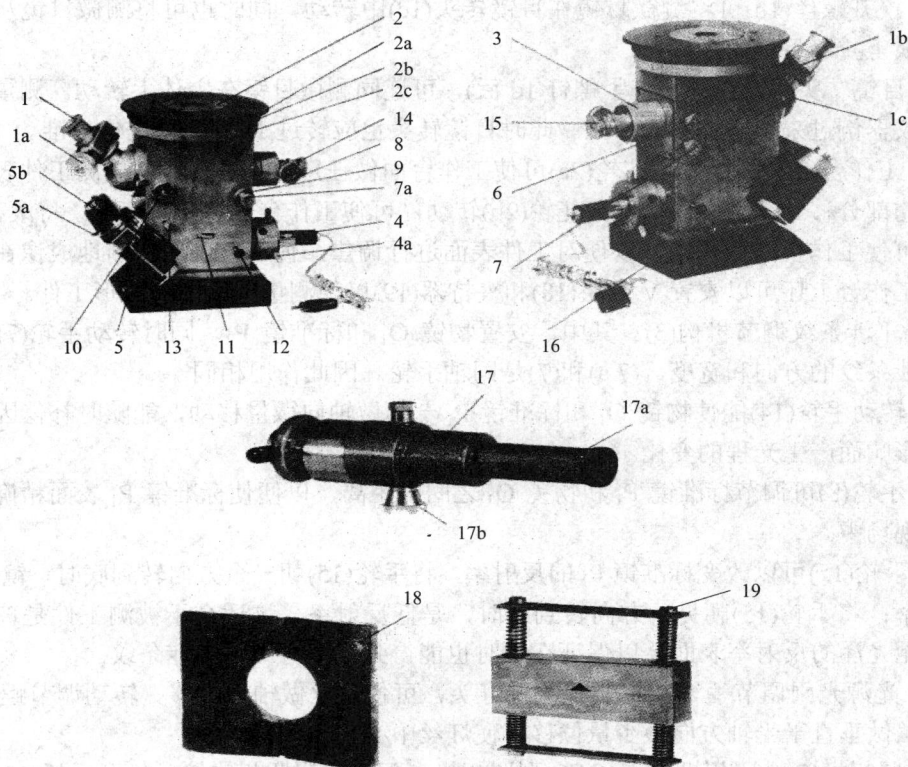

1—目镜；2—工作台；3—干涉条纹调节机构；4—光源光阑调节手轮；
5—照相机；6、7、8、9、10、11、13、14、15—手轮；12—手柄；
16—底座；17—狭缝目镜；18—V形块；19—夹持器

图 4-9　6JA 型干涉显微镜的外形

② 6JA 型干涉显微镜的主体是个方箱，上面是工作台(2)，前面是目镜(1)，后面是干涉条纹调节机构(3)，(3)下面是光源光阑调节手轮(4)，(1)下面是照相机(5)，主体安置在底座(16)上，其两旁还有各种用途的手轮。下面分别叙述其结构与操作方法：

A．目镜头(1)。它是一个普通的测微目镜。

a．转动测微目镜上鼓轮(1a)能使目镜视场中"十"字线位移。位移量由分划板刻度和鼓轮上刻度读出。目镜视场如图 4-10 所示，视场中的刻线格值为
1 mm。鼓轮上的刻线格值为 0.01 mm。

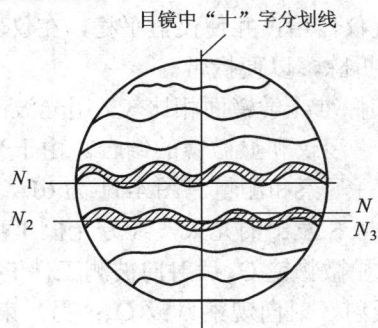

图 4-10　目镜视场

b. 松开螺丝(1b)可将测微目镜在目镜转头(1c)中转动，同时也可将测微目镜从镜筒中拔出，换上狭缝目镜(17)。

c. 目镜转头(1c)(在松开支紧螺钉 1d 后)，可连同测微目镜在主体上转动。测量大工件时，把仪器倒过来放在被测工件上。此时目镜转头也应转过 180°，以定位为准。

B. 工作台(2)。用手推滚花轮(2a)可使工作台面做任意方向移动，将被测工件表面所需要测量的部分移到视场中去。将滚花轮(2b)转动，可使工作台做 360° 旋转。将滚花轮(2c)转动，可使工作台高低移动，以便对工件表面进行调焦，使工件表面清晰地成像在目镜视场中。工作台上还可以安置 V 形块(18)和夹持器(19)以便测量圆柱形和球形工件。

C. 干涉条纹调节机构(3)。其中，安置物镜 O_1 和标准镜 P_2，同时转动手轮(7)、(9)可改变干涉条纹的方向和宽度，(7 a)和(7)是同轴手轮。因此作用相同。

a. 转动手轮(14)能使物镜 O_1 和标准镜 P_1 一起做轴向微量移动，能随时补偿因温度、外力等影响而产生光程的变化。

b. 手轮(8)可调节标准镜 P_1 和物镜 O_1 之间的距离，以便使标准镜 P_1 表面精确地成像在目镜视场中。

c. 手轮(15)可以改变标准镜 P_1 的反射率，将手轮(15)朝一个方向转到底时，镜 P_1 具有高反射率；将手轮(15)朝另一方向转到底时，是低反射率，这适合于被测工件是玻璃等非金属或无光泽的反射率表面，以保证在这时也能得到良好对比的干涉条纹。

D. 光源光阑调节手轮(4)。直接拉伸灯头，可使灯丝做轴向位移。转动调节螺丝(4a)，可使灯丝做垂直于光轴方向做少量位移，使灯丝中心位于光轴上。

E. 照相机(5)。照相机(5)是 DFC 型照相机，配上专用照相物镜。松开手轮(13)可将照相机从仪器上取下。照相机可装一般照相用的 135 胶卷，装卷及使用方法也与常用照相机相同，(5a)是快门，为防止按快门的时候照相机振动，可用快门线。拍照时应将手轮(10)转到照相位置，使光线导向照相机。

F. 主体。

a. 右边有一半露出的滚花手轮(11)用来改变孔径光栏 Q_2 的大小。手柄(12)(两边都有系同轴)向左推到底时，将干涉滤光片移入光路，得到单色光照明，手柄(12)向右推到底时，将干涉滤光片移出光路，得到白光照明。

b. 左边上部有个手轮(6)是转动遮光板(B)的，转动手轮(6)可使遮光板(B)转入光路，使标准镜一路的光线遮住，只有通过被测件 P_2 的一束光到达视场，以便能使工件表面清晰地成像在目镜中。

G. 底座(16)。底座是安置仪器用，并使仪器平稳，在仪器测量大工件时，应将底座两个滚花轮螺钉拧下来，将底座拆除，以便携带。

③ 工作原理：将被测件和标准光学镜面相比较，用光波的波长作为尺子来衡量工件表面的不平深度。干涉显微镜是干涉仪和显微镜的结合。由于光洁度是微观不平深度，所以用显微镜进行高倍放大后再进行观察和测量。图 4-11 为 6JA 型干涉显微镜的光学系统。

为了获得干涉，必须使光源 S 发出的光束，经分光板 T 后分为两束(如图 4-11 所示)一束透过分光板 T、补偿板 T_1、显微物镜 O_2 后射向被测工件 P_2 的表面。由 P_2 反射后经原路返回至分光板 T，再在 T 上反射，射向观察目镜 O_3；另一束由分光板 T 反射后通过物镜 O_1 射到标准镜 P_1 上，由 P_1 反射，再经物镜 O_1 并透过分光板 T，也射向观察目镜 O_3，它与第一束光线相遇，产生干涉。通过目镜 O_3 可以看到定位在工件表面上的干涉条纹(如图 4-12 所示)。

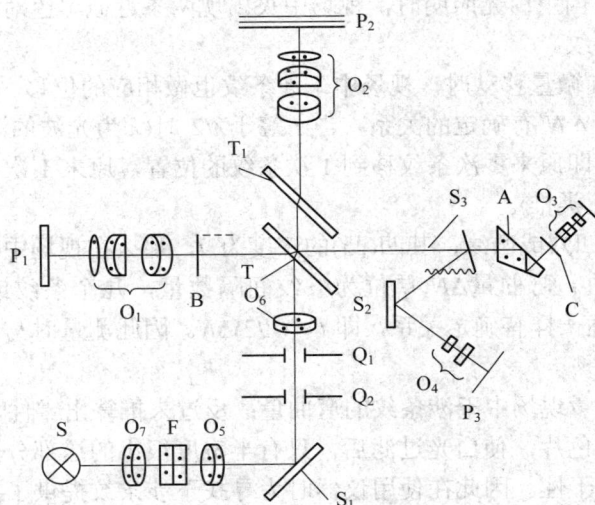

S—光源；F—干涉滤光片；S_1—反光镜；Q_1—视场光阑；Q_2—孔径光阑；
T—分光板；B—遮光板；P_1—标准镜；T_1—补偿板；O_1、O_2—显微物镜；
P_2—工作测量面；O_3—目镜；C—分划板；A—转向棱镜；S_2—反光镜；
S_3—可调反光镜；O_4—照相物镜；O_5、O_6、O_7—照明聚光镜；P_3—照相底板

图 4-11　6JA 型干涉显微镜光学系统

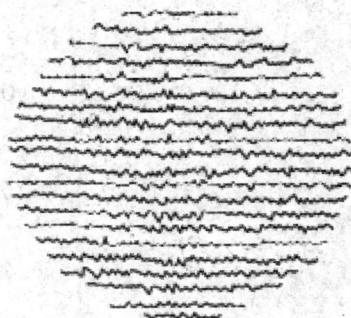

图 4-12　干涉条纹

分光板 T，补偿板 T_1，物镜 O_1、O_2 以及标准镜 P_1 等都经过精密加工，如果被测工件表面也是同样精密，那么就可以得到没有曲折的直接干涉条纹(如图 4-13 所示)。

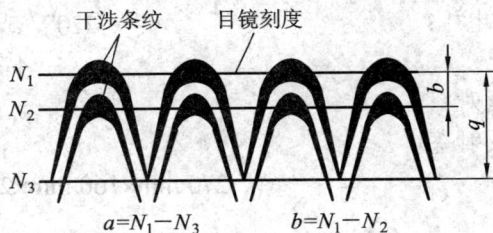

$a=N_1-N_3$　　$b=N_1-N_2$

图 4-13　没有曲折的直接干涉条纹

调节 P_1、P_2 至物镜 O_1、O_2 的距离，使目镜视场中能清晰地看到 P_1 和 P_2 表面的像，同时物镜 O_1、O_2 离分光板分光点的光学距离相等时，说明干涉仪的两臂的长度相等，视场中出现零次干涉条纹。当用白光照明时，视场中央出现两条近似黑色对称条纹。再其次，对称分布着数条彩色条纹。

使 P_2 做高低方向微量移动时，视场中干涉条纹也做相应的位移。P_2 的移动量 t 与视场中干涉条纹的移动量 ΔN 有确定的关系，当 t 等于 $\lambda/2$ 时（λ 为光波的波长），视场中干涉条纹移动一个条纹间隔即原来零次条纹移到 1 次条纹的位置，原来 1 次条纹的位置移到 2 次条纹的位置……（依此类推）。

如果 P_2 上有一凹穴或凸缘，其凹（凸）的深度为 t，那么在视场中此凹凸部分成像处的干涉条纹也相应弯曲。弯曲量 ΔN（单位为条纹间隔数量，几个条纹或几分之一个条纹间隔），t 与 ΔN 也与上述一样有确定关系，即 $t = (\lambda/2)\Delta N$。因此测量时与干涉条纹的视场宽度无关。

本仪器就是用测量现场中干涉条纹的弯曲量；反过来推算出零件表面的不平深度。

仪器上的干涉滤色片，使白光过滤后，只有半宽度很小的这部分单色光通过仪器，这种单色光有较好的相干性。因此在使用仪器时为寻找干涉条纹提供了方便；同时，这种单色光有确定的波长值，因而能提高测量精度。

④ 仪器的度量指标如下：

测量表面光洁度范围： $\nabla_{10} \sim \nabla_{14}$

（相当于测量表面不平度范围为 1 μm～0.03 μm）

工作物镜的数值孔径：   0.65 μm

工作距离：   0.5 mm

仪器视场（目视）： ϕ 0.25 mm

仪器视场（照相）：   0.21×0.15 mm

仪器放大倍数（目视）：   500 倍

仪器放大倍数（照相）：   160 倍

测微目镜放大倍数：   12.5 倍

测微鼓分划值：   0.01 mm

绿色干涉滤色片波长： $\lambda \approx 5300$

半宽度： $\Delta\lambda \approx 100$

工作台升程：   5 mm

X、Y 轴方向移动范围： ≈ 10 mm

旋转运动范围：   360°

可调变压器输入电压：   220 V 或 110 V

输出电压（可调）：   4 V～6 V

仪器标准镜（高反射率）： $\approx 50\%$

仪器标准镜（低反射率）： $\approx 4\%$

仪器外形尺寸：   270 mm×160 mm×230 mm

仪器自重： ≈ 5 kg

(4) 测量方法：间接测量。

(5) 调整量仪：

将灯源插头插在变压器插座上，变压器插头插在电源插座上，电源应是 220 V 的，如果是 110 V，那么应按变压器上说明图改变接线，打开变压器上开关，照明灯就亮了。光源是产生光波干涉的关键，电源插头与插座之间接触应良好而无松动情况，以免影响仪器的正常使用。

将手轮(10)转到目视位置，即把反光镜 S_3 从光路中转出，同时转动手轮(6)将遮光板(B)从光路中转出，此时在目镜中应看到明亮的视场；否则，可转动光源中心调节螺丝(4a)，使得到照明均匀的视场。

转动手轮(8)使目镜视场中下方弓形直边(如图 4-14 所示)清晰，这说明标准镜 P_1 已位于物镜 O_1 的物面上。

在工作台上安置好被测工件，被侧面朝向物镜，转动手轮(6)将标准镜 P_1 一路光束遮去，转动滚花轮(2c)使工作台上下升降，直到在目镜视场中观察到清晰的工件表面像(如图 4-15 所示)为止，此时转动手轮(6)，将遮光板(B)从光路中转出。

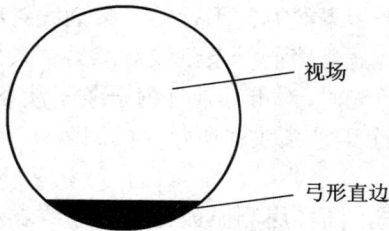

图 4-14　弓形直边

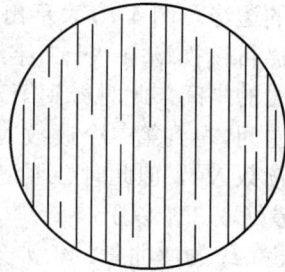

图 4-15　工件表面像

松开螺丝(1b)将测微目镜从目镜座中取出，直接从目镜管看进去，可以看到两个灯丝像。此时转动手轮(11)使孔径光阑开至最大，转动手轮(7)、(9)，使两个灯丝像完全重合，同时调节螺丝(4a)使灯丝像位于孔径光阑中央(如图 4-16 所示)，再插上测微目镜，旋紧螺丝(1b)。将手柄(12)向左推到底，干涉滤色片 F 插入光路，此时在目镜中应能看到干涉条纹，如果没有，那么可以慢慢来回转动手轮(14)，直到视场中出现最清晰的干涉条纹，此时把手柄(12)向右推到底，即把干涉滤色片从光路中移出，就可以得到彩色干涉条纹(如图 4-17所示)，转动手柄(7)、(9)和配合转动手轮(8)、(14)可得到最好的对比和所需的宽度和方向干涉条纹。

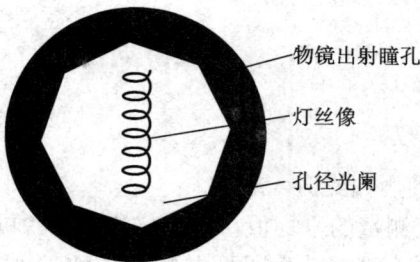

图 4-16　灯丝像位于孔径光阑中央

图 4-17　彩色干涉条纹

转动工作台使加工纹路方向和干涉条纹方向垂直。松开螺钉(1b)转动测微目镜，使视场中"十"字线中的一条与干涉条纹平行，就可以进行测量了。

(6) 测量步骤：工件表面不平度可以用两种方法测量，即用目视估计测量和用测微目镜测量。本实验用测微目镜测量。

① 目测的方法：

A．先估计干涉条纹的宽度。

B．估计干涉条纹的弯曲量。

C．确定上述两者的比例 ΔN。

D．使用白光时，用确定的比例乘以 0.27 μm；使用单色光时，乘以相应的半波长。

② 利用测微目镜测量：把测微目镜"十"字线中的一条和干涉条纹的方向平行，另一条与被测量表面划痕方向平行，此时用固定螺丝将测微目镜紧固。不平深度测量分为三个步骤：

A．测量条纹之间的间隔：在白光工作时，用两条黑色条纹进行测量，条纹之间的间隔值用测微目镜上鼓轮分划数来表示。为了提高测量精度，将"十"字线对准条纹的中间，而不是条纹的边缘。图 4-10 表示出了"十"字线对准干涉条纹的正确位置。

移动测微目镜视场中"十"字线，使其与干涉条纹方向平行的一条刻线对准一黑色干涉条纹下凸缘的中间，此时得到第一个读数 N_1；然后将同一条刻线对准另一条黑色干涉条纹下凸缘的中间，得到第二个读数 N_2(或者在单色光时，对准其他任何一条干涉条纹的中间，得到第二个读数 N_2)，但此时必须记住测量的两个干涉条纹间所包含的间隔 n，为了提高测量精度，n 最好取 3 个以上。

B．测量条纹的弯曲量：干涉条纹的弯曲量，同样用测微鼓轮上分划数表示。用一条刻线对准干涉条纹下凸缘的中间，此时读数为 N_3(同 N_2)。然后用同一条刻线对准同一条干涉条纹最大弯曲处的干涉条纹上凸缘中间，得到第二读数 N_4。干涉条纹的弯曲值为多少个干涉条纹的间隔可用下式表示，有

$$\Delta N = \frac{N_3 - N_4}{N_2 - N_1} \cdot (n \text{ 条干涉条纹})$$

③ 计算不平深度：在白光工作时，宽度为一个干涉条纹的弯曲量相当于被测量表面不平深度为 0.27 μm，此时不平深度可用下式计算，有

$$t = 0.27 \frac{N_3 - N_4}{N_2 - N_1} \cdot (n \text{ 条干涉条纹})$$

式中：t 为不平深度，单位为μm；

　　　N_1 为测量间隔时第一次读数；

　　　N_2 为测量间隔时第二次读数；

　　　N_3 为测量条纹弯曲量时第一次读数；

　　　N_4 为测量条纹弯曲量时第二次读数；

　　　n 为测量的两个条纹所包含的间隔数，使用白光时，$n=1$。

为了确定 HCP 值，必须取工件表面上几处测量的平均值，为此仪器工作台可以移动。

表 4-4 是 HCP 值与表面光洁度级别的关系。根据此表即可由测得的 HCP 值查出被测零件的表面光洁度。

表 4-4 HCP 值与表面光洁度级别的关系

级别	10	11	12	13	14
HCP/μm	从 0.5	从 0.25	从 0.12	从 0.06	从 0.03
	到 0.8	到 0.5	到 0.25	到 0.12	到 0.06

(7) 根据图样要求，判断两个项目的合格性。

(8) 仪器的维护与保养：

① 干涉显微镜是精密计量仪器。因此在使用、操作时要非常小心，防止碰撞和冲击，以免破坏调整。

② 不允许私自拆卸物镜、拧下零件等，任何拆卸所导致仪器失调，必须送专门修理所或者有经验的老师进行检修。

③ 为了防止目镜管内棱镜沾上灰尘，应在目镜管上放测微目镜，如果镜头脏了，请不要拧下它，而只能用洁净的绸布、麂皮或擦镜纸轻轻擦拭。油渍多的斑点可以用脱脂棉花蘸少许酒精和乙醚混合剂(比例为 1：1)进行清洁处理。

④ 仪器最好放在计量室，不用时用一个罩子将仪器套起来，在车间现场使用时，更需注意防止撞坏以及沾上灰尘和油污，用完后放回计量室内。

第五章　螺纹的测量

螺纹按其所起的作用分为三类：连接螺纹、传动螺纹和紧密螺纹。在普通螺纹的主要几何参数中，应记住"三直径"、"两长度"和"一角度"。"三直径"指大径 D、d，中径 D_2、d_2 及小径 D_1、d_1。特别注意与公差配合有着密切关系的中径 D_2、d_2。而顶径和底径 D_1、d 是由刀具保证其互换性的，可作为次要参数。"两长度"是指螺距和旋合长度 L。"一角度"是指牙型半角 $\frac{\alpha}{2}$。影响普通螺纹旋合性和配合质量的误差主要有三个：中径、螺距和牙型半角。

实验一　用三针法测量外螺纹中径

一、实验目的

掌握用三针法测量螺纹中径的原理和方法。

二、实验内容

用三针法测量外螺纹中径：
(1) 测量对象：螺纹塞规如图 5-1 所示。

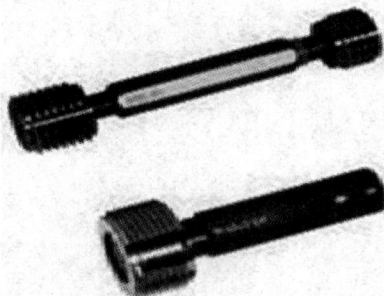

图 5-1　螺纹塞规

(2) 确定标准参数：根据外螺纹的技术要求，查出中径的极限尺寸。
(3) 选择量具：外径千分尺或杠杆千分尺。
(4) 测量方法：间接测量方法如图 5-2 所示。

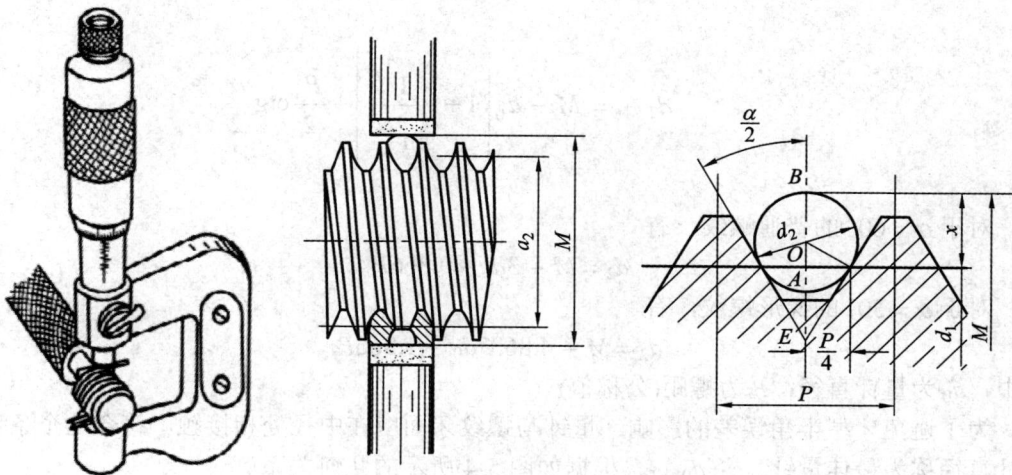

图 5-2 间接测量方法

三针法测量外螺纹中径是一种间接测量方法，三根精密尺寸相同的量针，按如图 5-2 所示的方法，放到被测螺纹相对的三个牙槽中，用通用量仪如各种机械式比较仪或杠杆千分尺(如外径千分尺等)来测量尺寸的 M 值，根据几何关系，可导出计算 d_2 实际的公式为

$$d_2 = M - 2AC = M - 2(AD - CD)$$

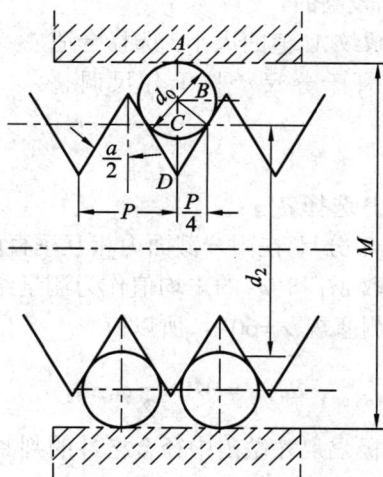

图 5-3 三针法测量外螺纹中径

由图 5-3 可知

$$AD = AB + BD = \frac{d_0}{2} + \frac{d_0}{2\sin\frac{\alpha}{2}} = \frac{d_0}{2}\left(1 + \frac{1}{\sin\frac{\alpha}{2}}\right)$$

$CD = \dfrac{P\,\mathrm{ctg}\dfrac{\alpha}{2}}{4}$，将 AD 和 CD 代入上式，得

$$d_{2\,\text{实际}} = M - d_0\left(1 + \frac{1}{\sin\dfrac{\alpha}{2}}\right) + \frac{P}{2}\operatorname{ctg}\frac{\alpha}{2}$$

对于 $\alpha = 60°$ 的普通螺纹，有

$$d_2 = M - 3d_0 + 0.866P$$

对于 $\alpha = 30°$ 的梯形螺纹，有

$$d_2 = M - 4.8637d_0 + 1.866P$$

其中，d_0 为量针直径；P 为螺距(公称值)。

为了避免牙型半角误差的影响，量针与螺纹牙面应在中径处相接触，符合这个条件的量针直径称为最佳量针直径 $d_{0\,\text{最佳}}$，根据如图 5-4 所示的几何关系有

$$d_{0\,\text{最佳}} = \frac{P}{2\cos\dfrac{\alpha}{2}}$$

对于 $\alpha = 60°$ 的普通螺纹，有

$$d_{0\,\text{最佳}} = 0.577P$$

在测量 M 值时，可以选用精密量仪，$d_{0\,\text{最佳}}$ 也很精确，故三针法测量中径的精度是比较高的。

(5) 调整量仪：根据被测螺纹 M 值的大小，选择合适测量范围的外径千分尺或杠杆千分尺，将千分尺调整准确。

(6) 测量步骤：

① 根据被测螺纹的螺距 P 选择 $d_{0\,\text{最佳}}$。

② 用杠杆千分尺(或外径千分尺)在同一截面内相互垂直两个方向，在 I—I、II—II 上分别测量尺寸 M_1、M_2，并取 M_1 和 M_2 的平均值作为测量结果 M。

③ 计算实际中径，因被测塞规 $\alpha = 60°$，所以有

$$d_{0\,\text{实际}} = M - \frac{3}{2}d_{0\,\text{最佳}}$$

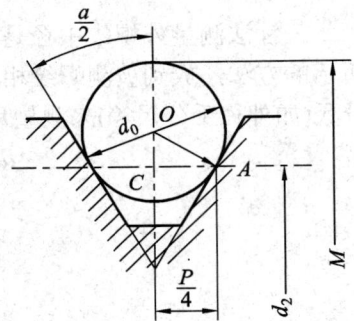

图 5-4　量针直径的几何关系

(7) 根据螺纹塞规中径的极限尺寸做出中径合格性的判断。

实验二　用工具显微镜测量外螺纹主要参数
(中径、螺纹、牙型半角)

一、实验目的

掌握用大型工具显微镜(简称工具显微镜)测量螺纹中径和螺距的方法。

二、实验内容

用工具显微镜测量外螺纹主要参数(中径、螺纹、牙型半角)：

(1) 测量对象：螺纹塞规如图 5-1 所示。

(2) 确定标准参数：根据外螺纹的技术要求，查出中径的极限尺寸。

(3) 选择量具：大型工具显微镜。

① 用途：工具显微镜是一种以影像法为测量基础的精密仪器，工具显微镜的光学系统使被测工件的影像投影到目镜焦平面上。通过目镜可以看到被放大的工件轮廓，根据不同的测量要求，选用螺纹轮廓或测角目镜，通过纵向、横向测微计和角度目镜，读出被测的数据。加上测量用的刀后也可用轴切法测量，一般来说，用轴切法能得到较高的测量精度。

由于仪器可配各种不同的放大倍数，对于微小工件的测量最为方便的。大型工具显微镜主要使用范围如下：

A. 检定形状：样板、样板刀、样板铣刀、冲模和凸轮，测定螺距、螺形角，螺形角对螺纹轴的轮廓位置和螺纹形状(齿面的圆整性、平坦性、平直性等)。

B. 测定角度：测定螺纹车刀、螺纹铣刀、螺纹成形车刀的螺形角，各种样板铣刀的轮廓角，各种形状的样板、定形样板等角度。

C. 大型工具显微镜也可作为观察显微镜和轮廓投影仪使用，如进行表面光洁度检定和轮廓比较测定等工作。

② 大型工具显微镜的结构如图 5-5 所示。

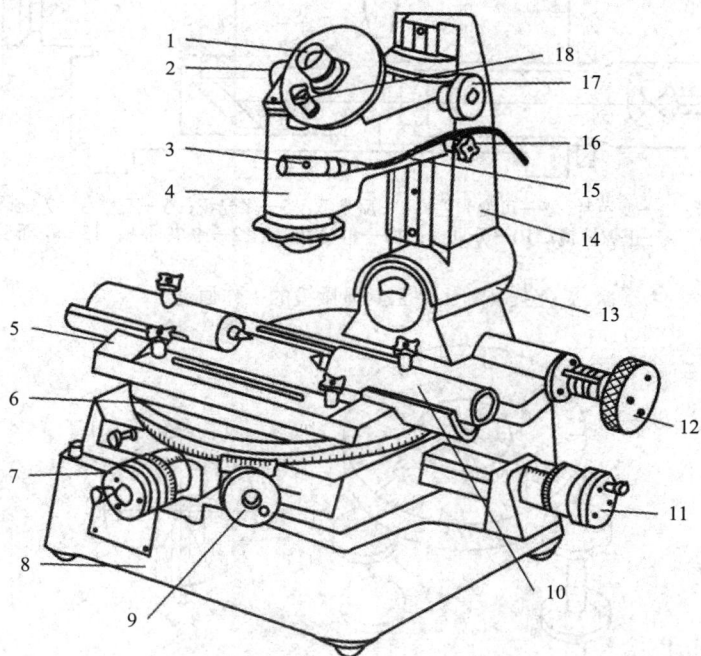

1—目镜；2—反射照明灯；3—测角目镜照明灯；4—显微镜管；5—顶针架；6—圆工作台；
7—读数鼓轮；8—底座；9—角度转动手轮；10—顶针；11—读数鼓轮；12—转动手轮；
13—连接座；14—立柱；15—横臂；16—止动旋钮；17—粗调手轮；18—用读数显微镜读角度值

图 5-5　大型工具显微镜的结构

③ 大型工具显微镜的工作原理(如图 5-6 所示):自光源发出的光,通过滤色片、可变光栏,经反射镜而垂直向上,由聚光镜反射出远心光束照明被测工件,再经过不同倍数的物镜,把放大的工件轮廓成像在目镜的分划板上,通过目镜便可看到这个影像。用来观察的目镜有各种不同类型,可相互替换(如测角目镜、轮廓目镜、双向目镜等),以便适合各种类型测量工作的需要。正像棱镜是为了在显微镜内观察到正像。显微镜上有可换目镜头,其中最常用的是测角目镜。测角目镜比螺纹轮廓目镜的测量精度高,应用极广,其外形如图 5-7 所示。图中,中央目镜可看到"米"字刻线视场,a—a′ 线为中心虚线,与 a—a′ 线平行有四条对称分布的刻线(在轴切法测量时使用)。"米"字线可借助目镜手轮转动,转动角度值可从角度目镜中读出。

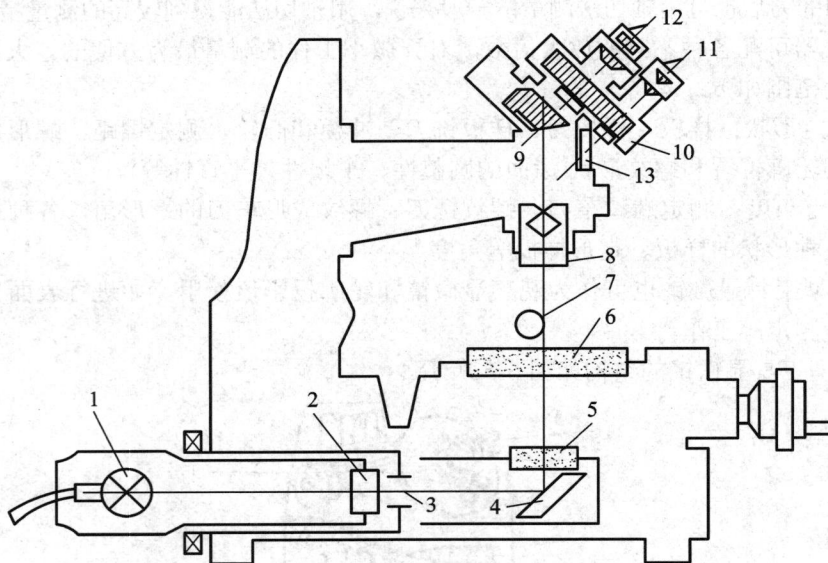

1—光源;2—滤色片;3—可变光栏;4—反光镜;5—聚光镜;6—工作台;7—工件;
8—物镜;9—正像棱镜;10—分划板;11—角度目镜;12—中央目镜;13—平面反射镜

图 5-6　大型工具显微镜的工作原理

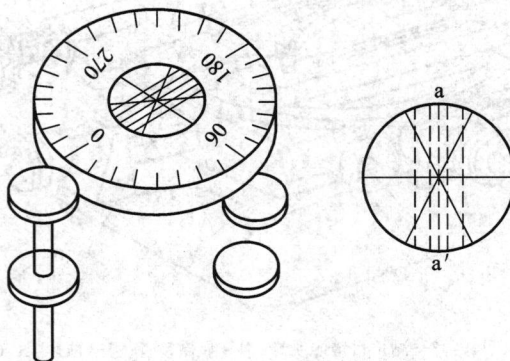

图 5-7　测角目镜

④ 工具显微镜主要的计量指标如表 5-1 所示。

表 5-1　工具显微镜主要的计量指标

工具显微镜		大　型	小　型
测量范围	纵向行程	0～150 mm	0～75 mm
	横向行程	0～50 mm	0～25 mm
	立柱倾斜范围	≈±12°	≈±12°
示值范围	测角目镜的角度	0～360°	0～360°
	圆工作台角度	0～360°	—
分度值	纵横向千分尺	0.01 mm	0.01 mm
	测角目镜的角度	1′	1′
	轮廓目镜中的角度	10′	—
	圆工作台角度	3′	—
	圆立柱倾斜的角度	30′	10′

工具显微镜的主要规格及度量指标如下：

A．圆工作台的直径：280 mm。

B．显微镜悬臂的伸出长度：约为 167 mm。

C．顶针架所允许的工件长度：

a．不大于 $\Phi39$ 的工件：315 mm。

b．不大于 $\Phi85$ 的工件：235 mm。

D．V 形块所允许的工件最大直径：130 mm。

工具显微镜分为小型、大型、万能和重型等四种形式。它们的测量精度和测量范围各不相同，但基本原理是相似的。用工具显微镜测外螺纹常用的测量方法有影像法和轴切法两种。本实验使用影像法。下面以大型工具显微镜为例，阐述用影像法测量外螺纹中径、牙型半角和螺距的方法。

(4) 测量方法：综合测量。

(5) 量仪的调整：

① 将被测螺纹塞规安装到工作台上的顶尖上并卡紧。调整圆周刻度对零位，以保持顶尖轴轴线与纵向移动方向一致。

② 接通电源，注意通过变压器，否则烧坏光源。

③ 调光栏大小，光栏直径的选择如表 5-2 所示。

④ 调整目镜视度，旋转中央目镜，观察"米"字线，达到清晰。

⑤ 调整立柱，由于螺纹有一个螺纹升角 ψ。当立柱处于垂直位置(0°)时，被测螺纹轮廓不清楚，故除测量大径外，须将立柱向相应方向倾斜一个 ψ 角，以使投影清晰。

⑥ 调焦：松开悬臂。旋转粗调手轮，使悬臂上、下移动，直到在目镜看到被测螺纹轮廓的投影时，将悬臂锁紧，然后利用微调环进行微调，使被测螺纹轮廓的投影清楚，无虚光、无重影。

表 5-2　光栏直径的选择

光滑圆柱体外径或螺纹中径/mm	光栏直径/mm			
	螺形角 30°	螺形角 55°	螺形角 60°	光滑圆柱体
0.5	25.5	—	—	—
1	20.2	24.6	25.2	—
2	16.1	19.4	19.9	25.1
3	14	17	17.6	21.8
4	12.8	15.4	15.9	19.9
5	11.8	14.3	14.7	18.5
6	11.2	13.5	13.8	17.6
8	10.1	12.3	12.5	15.9
10	9.4	11.3	11.9	14.7
12	8.8	10.7	11	13.8
14	8.4	10.2	10.4	13.1
16	8	9.7	10	12.6
18	7.8	9.4	9.5	12.1
20	7.5	9	9.3	11.6
25	6.9	8.4	8.6	10.8
30	6.5	7.8	8.1	10.2
40	5.9	7.2	7.4	9.3
50	5.5	6.6	6.8	8.6
60	5.1	6.2	6.4	8.1
80	4.6	5.7	5.8	7.4
100	4.3	5.3	5.4	6.8
200	3.5	4.2	4.3	5.4

(6) 测量步骤：

① 中径的测量(用压线法测量螺纹中径)。

A. 通过纵向和横向测微螺杆来移动工作台，使目镜中"米"字线的中间虚线 a—a′(如图 5-8 所示)，对准螺纹轮廓的一个牙边(左或右)，记下横向测微计的第一个读数 a_1。

B. 保持纵向测微计不动，只旋转横向测微计，使工作台横向移动 a—a′ 虚线与对面牙边对准，记下横向测微计的第二个读数 a_2，则 a_2 和 a_1 之差，即为所测处(左或右)的中径($d_{2左}$ 或 $d_{2右}$)。

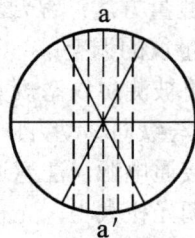

图 5-8　"米"字线的中间虚线 a—a′

C. 为了消除安装误差，即被测螺纹轴线与测量轴线(纵向移动方向)不一致造成的中径测量误差(如图 5-9 所示)，这时需测量出 $d_{2左}$ 和 $d_{2右}$，并取其平均值作为实际中径，有

$$d_{2实际} = \frac{d_{2左} + d_{2右}}{2}$$

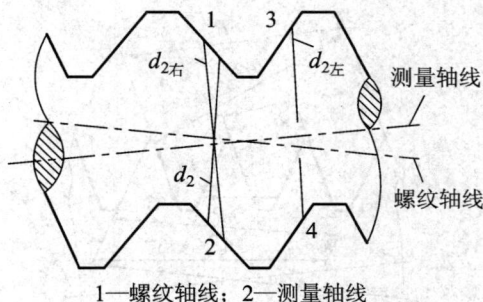

1—螺纹轴线；2—测量轴线

图 5-9　中径测量误差

为了简化测量过程，可采取的测量顺序是：1－2－4－3(或者 3－4－2－1)。测量时目镜观察的"米"字线图如图 5-10 所示。

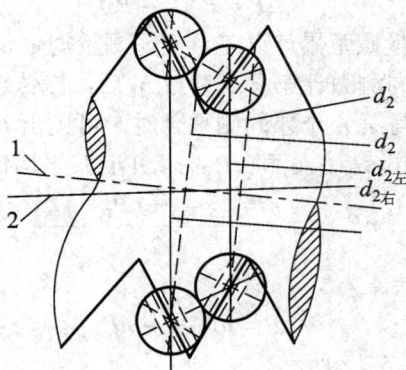

图 5-10　测量时目镜观察的"米"字线图

当测得 a_2(或 a_4)后，不必调整立柱，只需纵向移动工作台和调整 a－a' 线，即可使 a－a' 线与"4"边重合，此时横向测微计不动，若 $a_4 = d_2$。然后，再反向倾斜立柱，并横向移动工作台，测出 $a_2(a_1)$，则

$$d_{2 实际} = \frac{(a_2 - a_1) + (a_4 - a_3)}{2}$$

② 螺距的测量(用压线法测量螺距)，如图 5-11 所示。

A. 旋转纵向，横向测微螺杆移动工作台，并调整中央目镜的"米"字线的 a－a' 线与螺纹投影的一个牙边相切，记下纵向测微计第一个读数 b_1。

B. 横向测微计保持不动，只旋转纵向测微计使工作台纵向移动，让目镜中 a－a' 线与下一个牙边的同侧相切，记下纵向测微计上第二个读数 b_2。

C. b_2 与 b_1 之差，即为所测处的单个螺距 P(左侧或右侧)。

D. 为了消除安装误差对螺距测量结果的影响，应在左、右两侧分别测出 $p_{左}$ 和 $p_{右}$，并以其平均值作为测量结果，有

$$P_{实际} = \frac{p_{左（实际）} + p_{右（实际）}}{2}$$

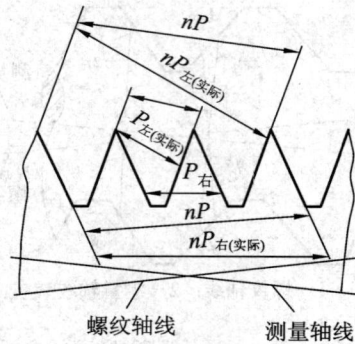

图 5-11　螺距的测量

由此可计算被测处的相邻牙单个螺距误差为

$$\Delta P = P_{实际} - P$$

用上述方法，也可以测量螺距累计误差，例如测量规定长度(或全长)上任意 n 个牙的螺距累积误差，可在测得纵向测微计第一个读数 b_1 后，旋转纵向测微螺杆，使工作台纵向移动 n 个牙，并使 a—a′ 线与第 n 个牙同侧重合时，可读出 b_2。两个值之差，即为所测牙边的 n 个螺距实际尺寸，测出 $nP_{左(实际)}$ 和 $nP_{右(实际)}$ 并取其平均值，有

$$nP_{实际} = \frac{nP_{左（实际）} + nP_{右（实际）}}{2}$$

n 个螺距内的螺距累积误差为

$$\Delta P = nP_{实际} - nP$$

③ 牙型半角的测量如图 5-12 所示。

A. 转动纵向、横向测微螺杆，并调节测角目镜手轮，使目镜"米"字线的 a—a′ 线与螺线投影的一个牙边相切，记下角度目镜中的读数值。

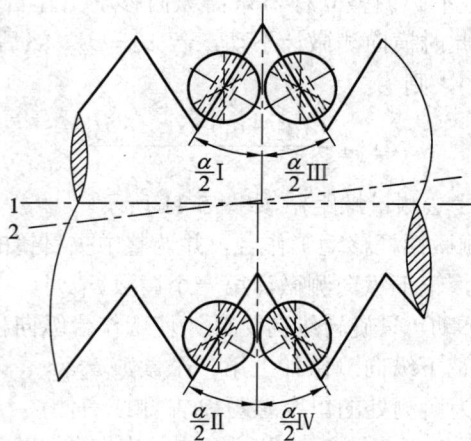

图 5-12　牙型半角的测量

由于当角度目镜读数为 0°0′ 时，a—a′ 线与被测螺线垂直，因此记下 a—a′ 线的偏转角度，即为所测的牙型半角的实际值，如图 5-13 所示。

图 5-13(a)所示角度目镜读数为 $0°0'$；图 5-13(b)所示读数为 $\frac{\alpha}{2}$(右)$=360°-330°4'=29°56'$；当虚线与被测螺纹牙型半角的另一边对准时，则得另一半读数。图 5-13(c)所示读数为 $\frac{\alpha}{2}$(左)$=30°8'$。

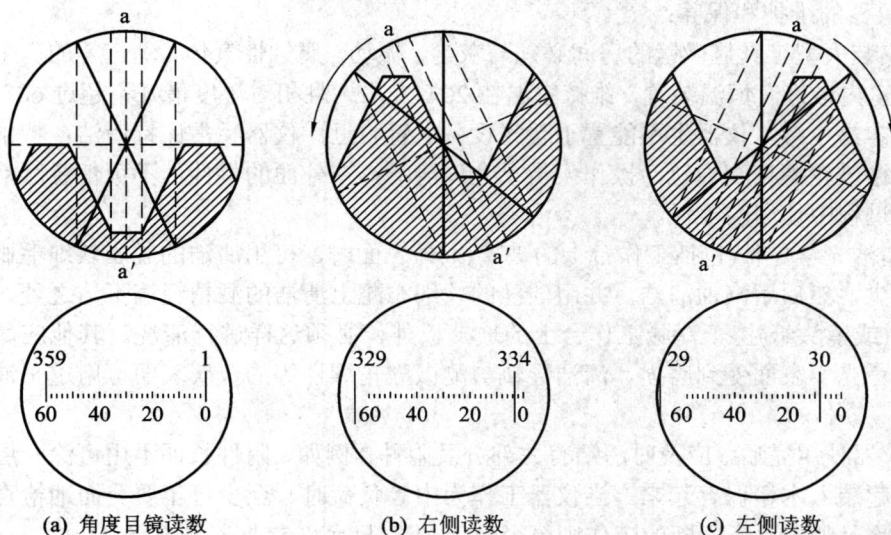

图 5-13 牙型半角的实际值

B. 向相反方向旋转目镜手轮，便可以测出另一侧的牙型半角读数。

C. 为了消除安装误差对测量结果的影响，应在测出 $\frac{\alpha}{2}$(Ⅰ)、$\frac{\alpha}{2}$(Ⅱ)后，将立柱反向旋转 ψ 角，测出 $\frac{\alpha}{2}$(Ⅳ)、$\frac{\alpha}{2}$(Ⅲ)，并取

$$\frac{\alpha}{2}(左)=\frac{\frac{\alpha}{2}(Ⅰ)+\frac{\alpha}{2}(Ⅳ)}{2}$$

$$\frac{\alpha}{2}(右)=\frac{\frac{\alpha}{2}(Ⅱ)+\frac{\alpha}{2}(Ⅲ)}{2}$$

则左、右牙型半角误差为

$$\Delta\frac{\alpha}{2}(左)=\frac{\alpha}{2}(左)-\frac{\alpha}{2}$$

$$\Delta\frac{\alpha}{2}(右)=\frac{\alpha}{2}(右)-\frac{\alpha}{2}$$

取其平均值作为测量结果，即得牙型半角误差 $\Delta\frac{\alpha}{2}$ 为

$$\Delta\frac{\alpha}{2} = \frac{\Delta\frac{\alpha}{2}(左) + \Delta\frac{\alpha}{2}(右)}{2}$$

(7) 根据外螺纹的技术要求，分别判断各参数是否合格，并最后做出螺纹塞规的合格性结论。

(8) 仪器的维护和保养：

① 安装大型工具显微镜的房间必须与灰尘、振动、腐蚀性气体、潮气等的产生地尽可能远离，室内最好有恒温装置，维持室温在 20℃ 左右，且相对湿度最好不超过 60%，否则光学零件容易生霉，仪器也不能置于暖气设备水管附近。仪器经常保持清洁，特别是光学零件，测微鼓轮螺杆和导轨，操作人员只允许清洁露在外面的零件，不可任意触动那些不是在操作过程中使用的零件。

② 清洁光学零件(包括工作台上的玻璃板)外表面时，可用清洁的脱脂软细毛刷刷去玻璃上的灰尘，然后用汽油清洁，并用洁净的软细布蘸上清洁的酒精轻擦不洁之处，最后用脱脂棉花(或镜头纸)擦干，除工作台上的玻璃板外，必须这样进行清洗。其他应尽量减少擦拭，以免光学表面受到磨损。清洁导轨与测微鼓轮螺杆等的金属表面可用透平油或精密仪器油。

③ 仪器使用完后，应及时清洁有关部分及附件，例如，附件长期不用可涂一层无酸凡士林，一起装入木箱保存起来。当仪器工作为中等负荷时，至少每年要全面地检查、清洁与调整一次，如果是不间断的工作则至少半年一次(只允许专业人员来调整)。

实验三　用台式投影仪测量外径螺纹的主要参数(中径、螺纹)

一、实验目的

掌握用台式投影仪测量螺纹中径、螺距和牙型半角的方法。

二、实验内容

用台式投影仪测量外螺纹的主要参数(中径、螺纹)：

(1) 测量对象：螺纹塞规如图 5-1 所示。

(2) 确定标准参数：根据外螺纹的技术要求，查出中径的极限尺寸。

(3) 选择量具：台式投影仪。

① 用途：可用于检测机械零件的长度、角度、轮廓外形和表面形状等。

② 台式投影仪的结构：其结构如图 5-14 所示。

③ 台式投影仪的工作原理：台式投影仪就像幻灯机和电影机一样能把物体放大后重新成像，所不同的是，其所成的

图 5-14　台式投影仪的结构

像有精确的放大倍率和较高的质量。简单来说，台式投影仪的原理就是：光源的光线射到聚光镜上再投到物体上，未被物体遮住的光线通过物镜，并由物镜把物体的放大的暗的倒影投射在投影屏上。台式投影仪的工作原理及光路图如图5-15所示。

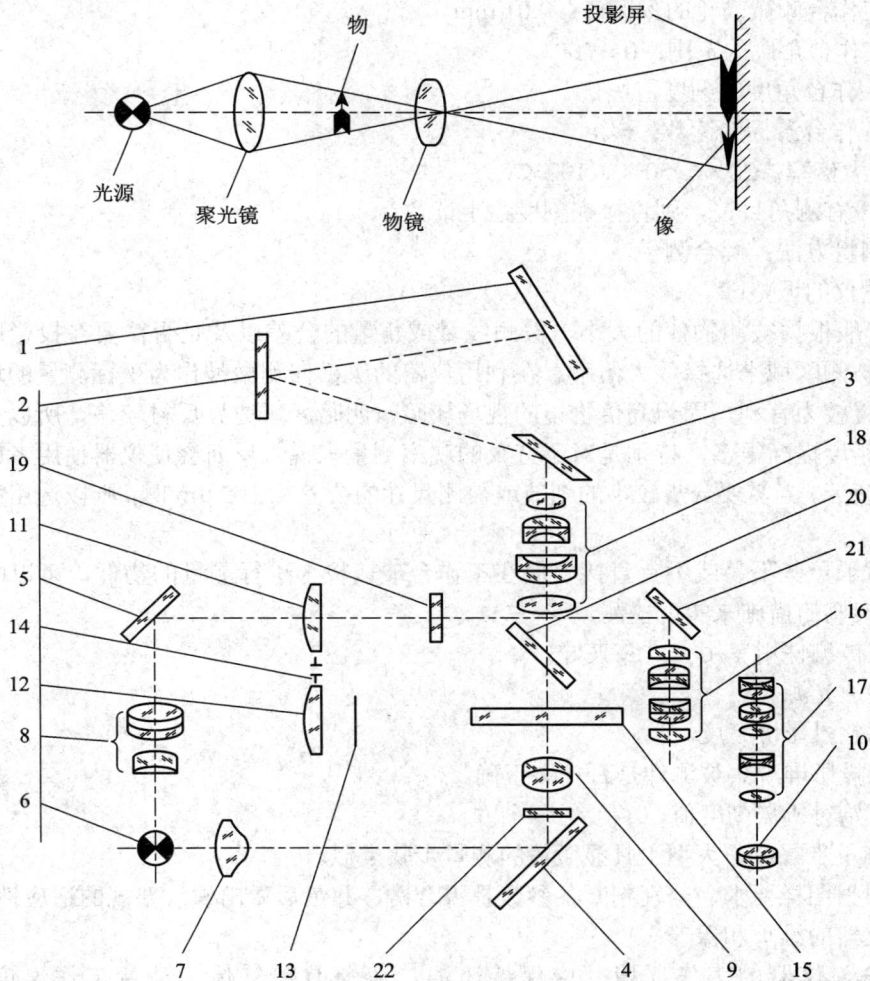

1—投影屏；2、3、4、5—反射镜；6—光源；7—非球面聚光镜；8—反射光系统主聚光镜；
9—20/50×聚光镜；10—100×聚光镜；11—50×聚光镜(2)；12—20×聚光镜(2)；13—遮光器；
14—小孔；15—工作台玻璃；16—50×物镜；17—100×物镜；18—20×物镜；
19—保护玻璃；20—20×物镜半透明反射；21—50×物镜半透明反射镜；22—保护玻璃

图 5-15 台式投影仪的工作原理及光路图

在观察测量零件时，视零件的具体情况而采用下述的照明方法：

A. 透射光法。

B. 反射光法。

C. 两种方法联合使用。

它的主要优点是对复杂轮廓的测量精确、迅速且也很直观。

④ 基本规格及度量指标如下：

A. 投影屏的有效直径：250 mm。

B. 工作台的直径：120 mm。

C. 工作台玻璃板的直径：80 mm。

D. 工作台的测量范围：纵向为 0～25 mm；横向为 0～13 mm 或 0～25 mm。

E. 工作台测微鼓轮的刻度值：0.01 mm。

F. 工作台角度的范围：0～360°。

G. 工作台角度的刻度值：1°。

H. 工作台游标的读数：6′。

I. 放大倍率：20×、50×、100×。

如果没有测角目镜，则直接在刻度盘上读数。

(4) 测量方法：综合测量。

(5) 量仪的调整：

① 一般根据被测物体的大小、被测线量或角量的公差以及是否需要在投影屏上同时显示整个被测区域来选择放大倍率。在利用仪器的纵横向测微鼓作为坐标测量的场合，选用低倍物镜较为有利，因为高倍物镜的视场较暗，明暗区域边界反衬较差，所以并不会使边界瞄准精度提高很多，特别是对于持久的观察测量来说，反而会使仪器使用者的眼睛较快地感到疲劳。当需要分辨较小的细节或被测尺寸的公差小于 5 μm 时，则以选用高倍物镜较为有利。

② 对于一些不易或不宜直接安放在工作台玻璃板上进行测量的物件，可以临时采用一些支撑架搁的措施来实现检测。

③ 将被测件用专用夹具装夹好。

④ 接通光源。

⑤ 调整投影屏亮度。

⑥ 从投影屏观察被测件是否安装正确。

⑦ 开始对所需刻度值。

(6) 测量步骤：与大型工具显微镜的测量步骤类似。

(7) 根据图样要求，分别判断各参数是否合格，并最后做出螺纹塞规的适应性结论。

(8) 仪器的维护和保养：

① 安置仪器的工作环境，应保持清洁，避免有害气体。计量工作温度，宜在 20℃±8℃ 之间，空气中的相对湿度不允许超过 50%，否则对反射镜表面的金属镀层有不良影响，进而破坏成像质量。

② 仪器的安放应平稳，避免振动，因此仪器和安置仪器的台面之间应垫以较厚的毡块或橡皮块。仪器在不使用时宜用罩子套上，以避免灰尘覆盖。

③ 透镜应经常保持清洁，其表面避免用手指碰触，若有脏污，最好用骆驼毛笔或狸毛笔轻轻拂去浮灰，再用柔软清洁的亚麻布或镜头纸蘸一点清水或蒸馏水擦拭，透镜表面如果还有油垢可蘸二甲苯或石油精进行擦拭，但擦拭可避免时则不要多擦，以减少透镜表面光洁度被破坏的可能性。

第六章 齿轮的测量

实验一 用齿厚游标卡尺测分度圆弦齿厚

齿厚偏差ΔE_s(上偏差E_{SS}、下偏差E_{SI}、公差T_s)是指在分度圆柱面上，齿厚实际值与公称值之差(如图 6-1 所示)。对于斜齿轮，齿厚是指法向齿厚。

为了得到一定的最小测隙，轮齿的齿厚要有一定减薄量，因此齿厚偏差ΔE_s总是负值，它是评定测隙的一项指标。

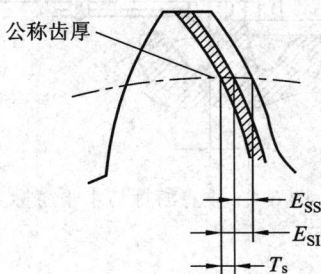

图 6-1 齿厚偏差ΔE_s

一、实验目的

掌握分度圆弦齿厚的测量方法，加深对有关概念的理解。

二、实验内容

用齿厚游标卡尺测量齿轮分度圆弦齿厚：

(1) 测量对象：齿轮如图 6-2 所示。

(2) 确定标准参数：分度圆弦齿厚极限偏差是上偏差$E_{SS} = -0.04$、下偏差$E_{SI} = -0.2$，分度圆弦齿高$\bar{h}_a = 3.7992$ mm，分度圆弦齿厚$\bar{s} = 5.1948$ mm，实际齿顶圆直径$d_{a实际} = 60$ mm。

(3) 选择量具：齿厚游标卡尺。

① 用途：准确测量齿轮厚度。

② 齿厚游标卡尺的外形：其由两个相互垂直的游标卡尺组成，如图 6-3 所示，垂直游标尺的作用是按分度圆弦齿高h_a来调整定位板的位置，使水平游标的两个量脚在分度圆处与齿面接触。垂直游标与水平游标如图 6-4 所示。

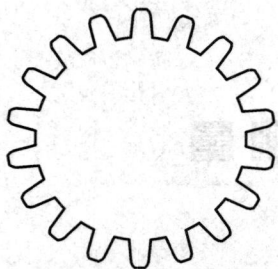

图 6-2　齿轮

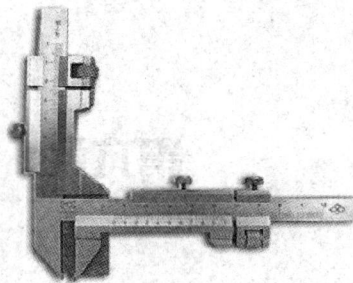

图 6-3　齿厚游标卡尺的外形

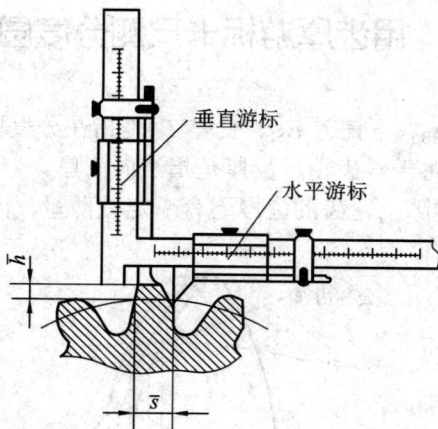

图 6-4　垂直游标与水平游标

③ 量具的基本量度指标如下：

A. 分度值均为 0.02 mm。

B. 测量范围：$M = 1$ mm～10 mm，$M = 1$ mm～16 mm 或其他。

④ 工作原理：测量时，将此定位板顶到被测齿轮的齿顶圆上，然后用水平游标尺量出分度圆弦齿厚的实际值 $\bar{s}_{实际}$。量出的齿厚实际值与公称值之差就是齿厚偏差 ΔE_s。测量时应在齿圆上每隔 90° 检查一个齿，取其偏差最大的作为齿厚的实际偏差。这种测量是以齿顶圆为基准，故测量结果受齿顶圆偏差的影响。为消除此影响则应按齿顶圆的实际尺寸来修正 h_a 值，有

$$\bar{h}_a = h_a + \frac{zm}{2}\left[1 - \cos\left(\frac{\pi + 4x\tan\alpha}{2z}\right)\right]$$

修正后的实际弦齿高为

$$\bar{h}_{a\,实际} = \bar{h}_a - \left(\frac{d_a - d_{a实际}}{2}\right)$$

式中，d_a 为齿顶圆直径。

(4) 测量方法：单项测量。

(5) 调整量仪：水平游标调整零位，垂直游标按实际弦齿高 $\bar{h}_{a实际}$ 调整刻度。

(6) 测量步骤：

① 测量齿顶圆直径 d_a 实际。

② 求分度圆弦高 $\bar{h}_a$ 实际。

③ 测量齿厚偏差的步骤如下：

A．检查和记录量具零位误差。

B．按 $\bar{h}_a$ 实际调整垂直游标卡尺。将垂直游标读数对到 $\bar{h}_a$ 实际。

C．将垂直游标处的定位板顶到齿顶圆上，利用水平游标测出分度圆弦齿厚。在角度相隔 90° 的位置上，分别测出分度圆弦齿厚 $\bar{s}_1$、$\bar{s}_2$、$\bar{s}_3$、$\bar{s}_4$ 记入实验报告。取其中的最大值作为 $\bar{s}$ 实际，齿厚偏差为

$$\Delta E_s = \bar{s} \text{实际} - \bar{s}$$

(7) 根据 E_{SS} 和 E_{SI}，判断齿厚偏差是否合格。

实验二　用公法线千分尺测量 8 级精度以下的齿轮

齿轮公法线长度变动 ΔF_W 是指在齿轮一周范围内，各条实际公法线长度中的最大值 W_{max} 与最小值 W_{min} 之差，即 $\Delta F_W = W_{max} - W_{min}$。

它反映齿轮加工中切向误差引起的齿距不均匀性，故可用于评定齿轮的运动精度。

公法线平均长度偏差 ΔE_W(上偏差 E_{WS}、下偏差 E_{WI}、公差 T_W)是指在齿轮一周内，公法线长度平均值与公称值之差，即 $\Delta E_{WM} = W_{平均} - W$。它反映齿厚减薄量，其测量目的是为了保证齿侧间隙。

一、实验目的

(1) 熟悉公法线千分尺的结构和使用方法。

(2) 熟悉公法线长度的测量方法。

(3) 掌握公法线长度变动与公法线平均长度偏差的计算，理解二者的差别。

(4) 加深理解公法线长度偏差的定义及对齿轮传动的影响。

二、实验内容

用公法线千分尺测量齿轮公法线长度 ΔF_W 和公法线平均长度偏差 ΔE_W(只能测量 8 级精度以下的齿轮，精度高时，则用公法线指示卡规、万能测齿仪等测量)，其基本结构和读数原理与外径百分尺相同，只是测头形状为了适应公法线而改成一对平面。公法线千分尺的外形如图 6-5 所示。

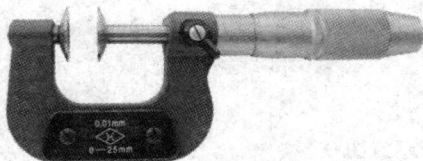

图 6-5　公法线千分尺的外形

(1) 测量对象：齿轮如图 6-2 所示。

(2) 确定标准参数：计算或查表求公法线长度和跨齿数，根据已知参数，即模数 m =3，齿数 z = 18，变位系数 x = 0.225，齿形角 α = 20° 可以查表或者计算出跨齿数 k = 3，公法线长度 W = 23.357，对于标准直齿圆柱齿轮，公法线长度跨齿数 k 一般不必计算，可查附表。

(3) 选择量具：公法线千分尺。

① 用途：公法线千分尺测量齿轮公法线长度，是一种通用的齿轮测量工具。

② 公法线千分尺外形如图 6-5 所示，与外径千分尺一样，只是测头为了测量齿轮而改成两个比较大的盘头平面。

③ 工作原理：详见外径千分尺。

④ 公法线千分尺基本度量指标如下：

A．分度值：0.01 mm。

B．测量盘的直径：20 mm。

C．规格：0～25 mm、25 mm～50 mm、50 mm～75 mm、75 mm～100 mm、100 mm～125 mm、125 mm～150 mm、150 mm～175 mm、175 mm～200 mm。

(4) 测量方法：单项测量。

(5) 量仪调整：校对零位，参见外径千分尺。

(6) 测量步骤：

① 计算出公法线长度或跨齿数为

$$W = m\,[1.467(2k - 1) + 0.014z] \qquad (k = \frac{z}{9} + 0.5)$$

或查表求出 W 和 k，则

$$W = mW'$$

② 检查公法线千分尺的零位误差。

③ 测量位置示意图分别如图 6-6 和图 6-7 所示。各种常见错误的测量方法如图 6-8 所示。

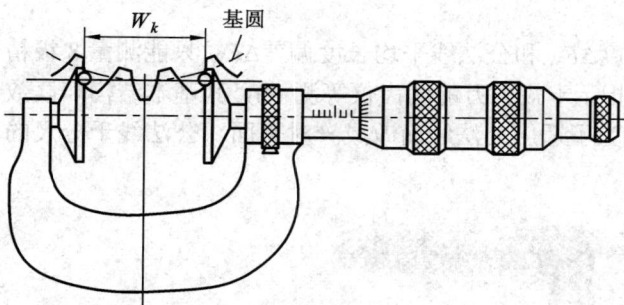

图 6-6　测量位置示意图一

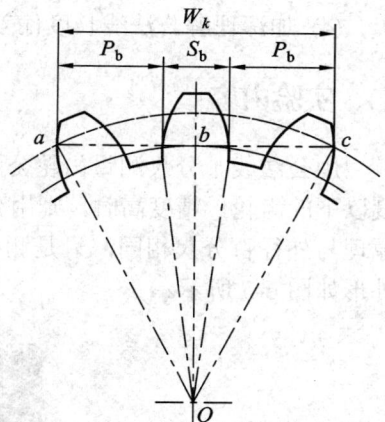

图 6-7　测量位置示意图二

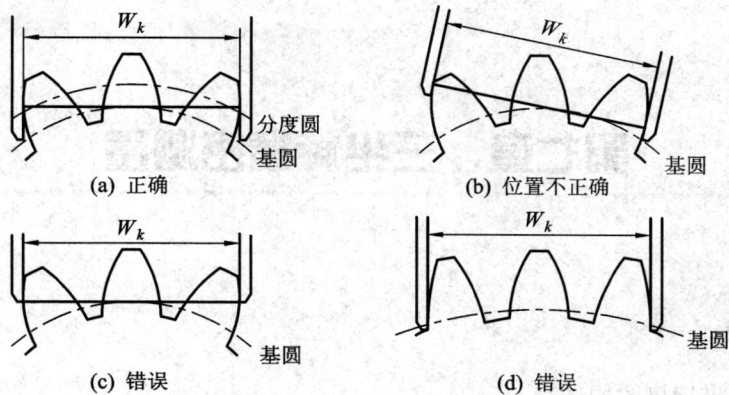

图 6-8 各种常见错误的测量方法

在齿轮圆周六等分的位置上，分别测出六处的公法线长度 $W_1 \sim W_6$ 的实际值(注意消除零位误差)。

④ 计算：

A. 公法线长度变动 ΔF_W，等于 $W_1 \sim W_6$ 中最大值与最小值之差。

B. 公法线平均偏差 ΔE_W。

C. 公法线平均长度 $W_{平均} = \dfrac{1}{6} \displaystyle\sum_{i=1}^{6} W_i$ 。

D. $\Delta E_W = W_{平均} - W$。

⑤ 求公法线长度变动公差 F_W 和公法线平均长度极限偏差。

A. 查相关附表，可求得 F_W。

B. 求公法线平均长度极限偏差。

先按图样所标齿厚上、下偏差的代号，查表求出 E_{SS} 和 E_{SI}。再查出齿圈径向跳动公差 F_r，最后计算出公法线平均长度的两个极限偏差为

$$E_{WS} = E_{SS} \cos\alpha - 0.72 F_r \sin\alpha$$
$$E_{WI} = E_{SI} \cos\alpha - 0.72 F_r \sin\alpha$$

(7) 根据 F_W、E_{WS}、E_{WI} 和测得的 ΔF_W、ΔE_W 比较，判定该两项合格与否。

第七章　三坐标精密测量

一、实验目的

(1) 了解三坐标机的构造。

(2) 掌握三坐标测量机的使用方法。

(3) 使用三坐标测量机测量高精度零件的尺寸误差和形位误差。

二、实验内容

用三坐标测量机测量。

(1) 测量对象：孔类或轴类精密尺寸。

(2) 确定标准参数：图纸尺寸。

(3) 选择量具：三坐标测量机。

① 用途：任何复杂的几何表面与几何形状，只要测头能感受到的地方，就可以测出它们的几何尺寸和相互位置关系，并借助计算机完成数据处理。

② 三坐标测量机的结构：PEARL 小型三坐标测量机如图 7-1 所示。其由主机机械系统(*X*、*Y*、*Z* 三轴或其他)、测头系统、电气控制硬件系统、数据处理软件系统(测量软件)构成。

图 7-1　PEARL 小型三坐标测量机

三坐标测量机的各种结构如图 7-2 所示,其中包括悬臂结构(如图 7-2(a)、图 7-2(b)所示)、桥式(框架)结构(如图 7-2(c)、图 7-2(d)所示)、龙门结构(如图 7-2(e)、图 7-2(f)所示)、卧式镗床结构(如图 7-2(g)、图 7-2(h)所示)。

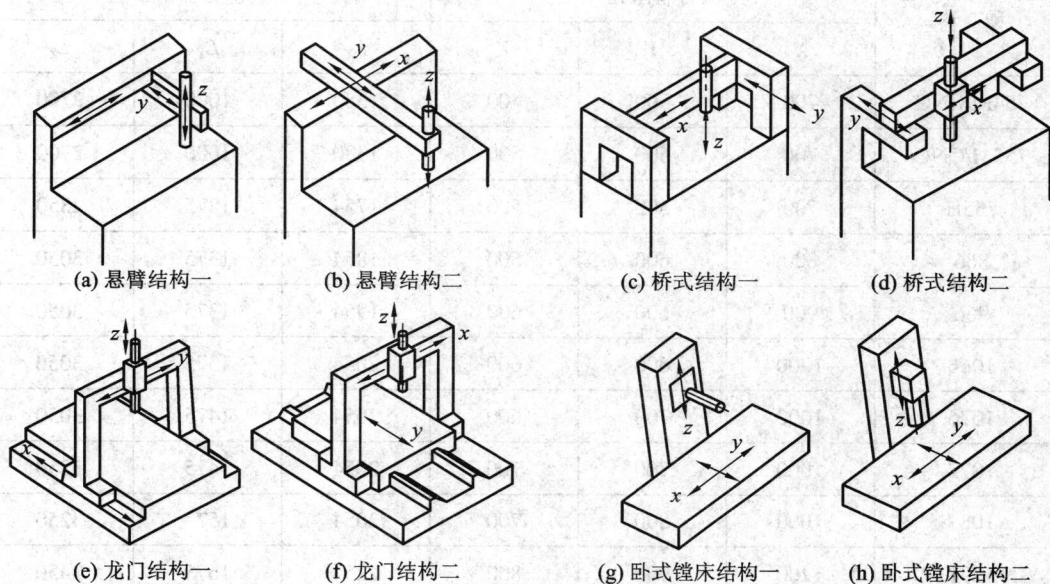

| (a) 悬臂结构一 | (b) 悬臂结构二 | (c) 桥式结构一 | (d) 桥式结构二 |

| (e) 龙门结构一 | (f) 龙门结构二 | (g) 卧式镗床结构一 | (h) 卧式镗床结构二 |

图 7-2　三坐标测量机的各种结构

③ 三坐标测量机的测量原理:将被测物体置于三坐标测量空间,可获得被测物体上各测点的坐标位置,根据这些点的空间坐标值,经计算求出被测物体的几何尺寸、形状和位置。通过探测传感器(探头)与测量空间轴线运动的配合,对被测几何元素进行离散的空间点位置的获取,然后通过一定的数学计算,完成对所测点(点群)的分析拟合,最终还原出被测的几何元素,并在此基础上计算其与理论值(名义值)之间的偏差,从而完成对被测零件的检验工作。

三坐标测量机的测量头(简称测头):软测头(触发式)、硬测头分别如图 7-3 所示。

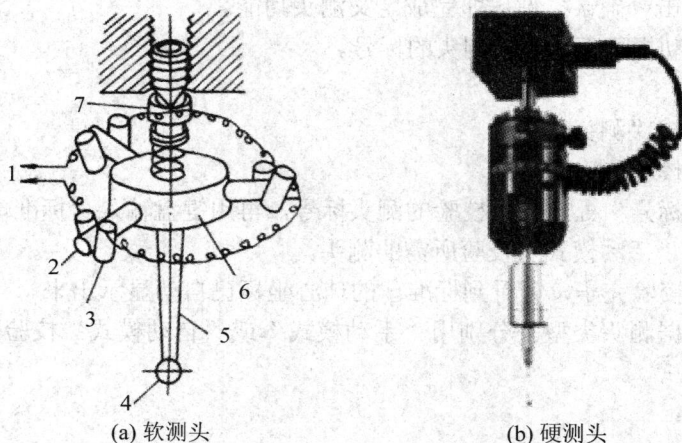

| (a) 软测头 | (b) 硬测头 |

图 7-3　三坐标测量机的测量头

④ 三坐标测量机部分规格型号如表 7-1 所示。

表 7-1　三坐标测量机部分规格型号

规　格	行程/mm			外形尺寸/mm		
	X	Y	Z	L_X	L_Y	L_Z
754M/CNC	700	500	400	1380	1000	2700
755M/CNC	700	500	500	1380	1000	2700
755H	700	500	500	1754	1275	2850
866	800	600	600	1854	1375	3050
966	900	600	600	1954	1375	3050
1066	1000	600	600	2054	1375	3050
1076	1000	700	600	2054	1475	3050
1077	1000	700	700	2054	1475	3250
1087	1000	800	700	2054	1575	3250
1298	1200	900	800	2254	1675	3450
12109	1200	1000	900	2254	1775	3650

(4) 测量方法：手动或自动。

(5) 调整仪器：测头及标准球的标定。

① 定义测头直径：

A. 用鼠标单击"测头"图标。

B. 再单击"定义测头"图标。

C. 在相应图标中输入定义值及测头直径的理论值。

D. 用鼠标单击"确认"键，即完成定义测头功能。

E. 计算机自动提示下一个新测头的标号。

② 校验测头：

A. 用鼠标单击"测头"图标。

B. 再单击"校验测头"图标。

C. 在"测头标号"处选择要校验的测头标号，再用键盘输入"标准球的直径"。

D. 然后选择"手动模式"校验所需的测头。

E. 当第一次校验完毕，可看到标准球的球心坐标已自动显示出来。

F. 用户可根据测头类型去分别用"手动模式"或"自动模式"校验每一个被定义的测头。

(6) 测量步骤：

① 用鼠标单击"测量"图标。

② 然后单击"被测元素"图标。

③ 工作区将显示该测量元素的标号及测量点数,可根据工作区的提示对测量元素进行删除点、增加点等修改。

④ 然后进行测量,即可得到被测基本元素的实际值。

(7) 最后与图纸尺寸比较判断合格与否。

注意:测量尺寸误差和形位误差可在操作软件中选择。

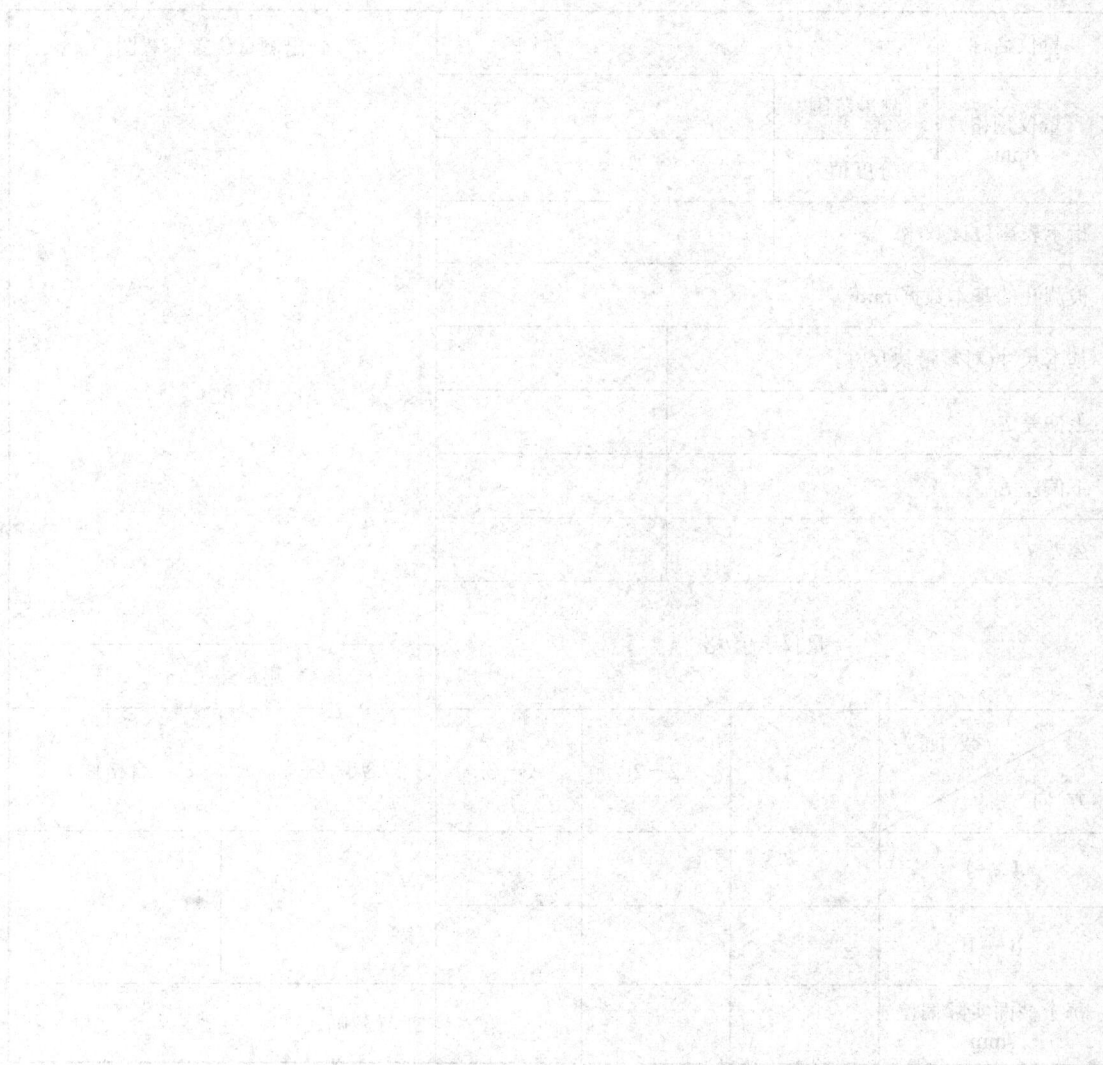

附录　部分实验报告

实验一　用内径指示表测量孔径

班级 _____　　姓名 _____　　日期_____

量仪名称					画出测量位置示意图	
量仪规格 /mm	测量范围					
	分度值					
指示表零位读数/格						
被测孔的基本数据/mm						
基本尺寸(对零量块尺寸)						
上偏差 E_S						
下偏差 E_I						
公差 T						

量仪示值/格

截面　　方向	1—1	2—2	3—3	实际偏差	合格性
Ⅰ—Ⅰ					
Ⅱ—Ⅱ					
每个截面实际偏差 /mm				指导教师：	

测量结果/mm

计算过程：

实验二 用立式光学比较仪测量光滑极限塞规

班级 _____ 姓名 _____ 日 期_____

量仪名称			画出测量位置示意图	
量仪规格 /mm	测量范围			
	分度值			
	标尺示值范围			
指示表零位读数/格				
被测孔基本数据/mm				
基本尺寸(对零量块尺寸)				
	通端(过端)		止端(不过端)	
上偏差 E_S				
下偏差 E_I				
公差 T				

量仪示值/格					测量结果/mm	
方 向 ╲ 截 面		1—1	2—2	3—3	实际偏差	合格性
通端	I—I					
	II—II					
每个截面实际偏差/mm					实际偏差	合格性
止端	I—I					
	II—II					
每个截面实际偏差/mm					指导教师:	

计算过程:

实验三　　用机械式量仪测量标准棒直径

班级 ＿＿＿＿＿＿＿＿＿　　　姓名 ＿＿＿＿＿＿＿　　　日期＿＿＿＿＿＿＿＿＿

量仪名称				画出测量位置示意图	
量仪规格 /mm	测量范围				
	分度值				
	标尺示值范围				
被测轴基本数据/mm					
基本尺寸(对零量块尺寸)					
上偏差 E_S					
下偏差 E_I					
公差 T					
测量记录/格				测量结果	
截面 方　向	1—1	2—2	3—3	实际偏差 /mm	合格性
Ⅰ—Ⅰ					
Ⅱ—Ⅱ					
每个截面实际偏差				指导教师:	

计算过程:

实验四　直线度误差的测量

班级 _____　　姓名 _____　　日期 _____

量仪名称				画出测量位置示意图					
量仪规格/mm	最大测量范围								
	分度值								
	示值误差								
被测表面直线度公差/μm									
桥板跨距/mm									
测点示值由格数 k_i 换算成高度差 Δ_i 的计算公式		$\Delta_i \approx L\sin\alpha \approx L \cdot k_i \cdot$ 读数手轮的分度值							

数　据　测　量

测点序号 i	0	1	2	3	4	5	6	7	8	9
量仪对各测点测得的示值										
任一测点处的示值累计值										

数　据　处　理

直线度误差值评定	
合格性	指导教师：

计算过程：

实验五　圆度和圆柱度的测量

班级 _____　　　姓名 _____　　　日期 _____

量仪名称					画出测量位置示意图	
量仪规格 /mm	测量范围					
	分度值					
被测表面基本数据/mm						
主参数(基本尺寸)						
圆度公差 $t(o)$						
圆柱度公差 $t(/o/)$						
检测原则						
方　向　＼　截　面	1—1	2—2	3—3	测量结果/mm		
D_{max}/mm				$f(o) =$		
D_{min}/mm				$f(/o/) =$		
圆度误差	$f(o)_1$	$f(o)_2$	$f(o)_3$			合格性
每个截面圆度误差				圆度		
				圆柱度		
指导教师:						

计算过程:

实验六 用指示表和平板测量平行度的误差

班级 _____ 姓名 _____ 日 期_____

量仪名称		画出测量示意图	
指示表测量范围			
分度值			
标尺示值范围			
被测面基本数据/mm			
主参数			
平行度公差			
量仪示值/格		测量结果/mm	
指示表最大读数		$f(//)$ / mm	
指示表最小读数		合格性	
检测原则			
基准体现方法			
指导教师:			

计算过程:

实验七　用指示表和平板测量径向圆跳动和径向全跳动误差

班级 ＿＿＿＿＿＿＿　　姓名 ＿＿＿＿＿＿＿　　日期＿＿＿＿＿＿＿

量仪名称					画出测量位置示意图		
量仪规格 /mm	测量范围						
	分度值						
	标尺示值范围						
被测表面基本数据/mm							
基本尺寸							
径向圆跳动公差 t(↗)							
径向全跳动公差 t(⌀↗)			检测原则				
量仪示值/格			基准体现方法				
方向 ╲ 截面	1—1	2—2	3—3	测量结果 /mm	f(↗)=		
最大读数							
最小读数					f(⌀↗)=		
被测平面内的径向圆跳动 f(↗)/mm				合格性	径向圆跳动		
					径向全跳动		
指导教师：							

计算过程：

实验八　偏摆检查仪测量径向圆跳动和端面圆跳动

班级 _____　　姓名 _____　　日期_____

量仪名称			画出测量位置示意图	
量仪规格/mm	两顶尖最大距离			
	顶尖中心高度			
	零件最大直径			
	顶尖中心线在 100 mm 范围对导轨的平行度	水平方向		
		垂直方向		
被测表面基本数据/mm				
基本尺寸				
径向圆跳动公差 $t(↗)$				

方向　　截面	1—1	2—2	3—3	测量结果/mm	$f(↗)=$
最大读数					
最小读数					$f(⦣↗)=$
被测平面内的径向圆跳动 $f(↗)$/mm				合格性	径向圆跳动
					径向全跳动

指导教师:

计算过程:

实验九　用光切显微镜测量表面粗糙轮廓的最大高度 Rz

班级 _____　　　　姓名 _____　　　　日期 _____

仪器型号	测量范围 Rz/μm	物镜放大倍数 V	实际放大倍数 v	测微目镜实际分度值 C/μm	粗糙度加工要求	取样长度 l/mm	评定长度 L_n/mm
9J	0.8~80	14	8.07	0.62	$\sqrt{Rz32}$	2.5	12.5

测量数据及计算							
取样长度 l_1	五个最高点读数/格	a_{p1}	a_{p2}	a_{p3}	a_{p4}	a_{p5}	粗糙度	$Rz_1=\frac{1}{5}\left(\sum_{i=1}^{5}a_{pi}-\sum_{i=1}^{5}a_{vi}\right)C$
	五个最低点读数/格	a_{v1}	a_{v2}	a_{v3}	a_{v4}	a_{v5}		= /μm

取样长度 l_2	五个最高点读数/格	a_{p1}	a_{p2}	a_{p3}	a_{p4}	a_{p5}	粗糙度	$Rz_2=$ /μm
取样长度 l_3	五个最低点读数/格	a_{v1}	a_{v2}	a_{v3}	a_{v4}	a_{v5}	粗糙度	$Rz_3=$ /μm
取样长度 l_4	a_{p1}...a_{v5}						粗糙度	$Rz_4=$ /μm
取样长度 l_5	a_{p1}...a_{v5}						粗糙度	$Rz_5=$ /μm

测量结果/μm： $Rz_{平均}=\frac{1}{n}(Rz_1+Rz_2+Rz_3\cdots Rz_n)$ = /μm

合格性

指导教师：

实验十 用干涉显微镜测量表面粗糙度轮廓的最大高度 Rz

班级 _____ 姓名 _____ 日期_____

仪器型号	量仪名称	测量范围 $Rz/\mu m$	所采用光波的波长$\lambda/\mu m$	被测工件	粗糙度加工要求 $Rz/\mu m$	取样长度 l/mm	评定长度 L_n/mm
6JA		0.063～1.0			0.05～0.08		

测量数据及其处理：

	取样长度 l_r	最高峰尖与最低谷深之间的距离 a_{max}（测微鼓轮读数，单位为格）		相邻两条干涉条纹之间距离 b_{av}（测微鼓轮读数，单位为格）	轮廓最大高度/μm $Rz = (a_{max} / b_{av}) \times (\lambda/2)$
		N_1	N_2		
测量记录与计算	l_{r1}				
	l_{r2}				
	l_{r3}				
	l_{r4}				
	l_{r5}				
测量结果			/μm	合格性	指导教师：

计算过程：

实验十一　三针法测量螺纹塞规通端中径

班级 _____　　姓名 _____　　日期 _____

量仪名称			
刻度值			
测量范围			
量针直径 $d_{0最佳}$			
被测对象基本数据/mm			
d		d_2	
p		d_{2max}	
a		d_{2min}	
测量方向	Ⅰ—Ⅰ	Ⅱ—Ⅱ	
测量 M 值			
$M_{平均值}$/mm			
$M_{平均值}=\dfrac{1}{2}(M_{Ⅰ}+M_{Ⅱ})$ =			

$d_2 = M - \dfrac{3}{2} d_{0最佳}$

=

中径的合格性

指导教师：

计算过程：

实验十二　工具显微镜测量外螺纹的主要参数

班级 _____　　　姓名 _____　　　日 期_____

(1) 中径的测量：

量仪名称					
测量范围	纵向测微计		分度值	纵向测微计	
	横向测微计			测角目镜	
	角度测量			工作台圆周刻度	
被测螺纹塞规基本数据/mm					
d		中径上偏差		螺距极限偏差	
p		中径下偏差			
a		d_{2max}		牙型半角公差	
d_2		d_{2min}			

(2) 螺距的测量(测量 n 个螺距累积误差)：

横向测微计读数/mm				
a_1	a_2	a_3	a_4	

1—螺纹轴线；2—测量轴线

测 量 结 果		中径的合格性	
$d_{2左} = a_2 - a_1 =$　　　　$d_{2右} = a_4 - a_3 =$		指导教师：	
$a_{2实际} = \frac{1}{2}(d_{2右} + d_{2左}) =$			

纵向测微计读数/mm				
b_1	b_2	b_3	B_4	

螺纹轴线　　　测量轴线

数据处理(按 $n = 1$)

n 个螺距公称长度 $nP =$ _____ mm

$nP_{左(实际)} = b_2 - b_1 =$ _____ mm

$nP_{右(实际)} = b_4 - b_3 =$ _____ mm

$nP_{实际} = \frac{1}{2}(nP_{左(实际)} + nP_{右(实际)}) =$ _____ mm

$\Delta nP = nP_{实际} - nP =$ _____ mm

螺距累积误差的合格性		指导教师：	

(3) 牙型半角的测量：

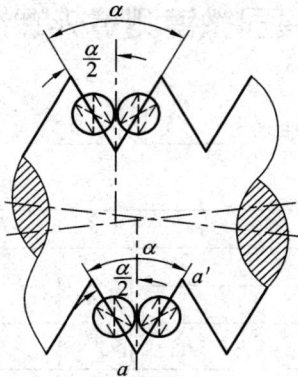

测角目镜角度读数			
$\frac{a}{2}$(Ⅰ)	$\frac{a}{2}$(Ⅱ)	$\frac{a}{2}$(Ⅲ)	$\frac{a}{2}$(Ⅳ)

数　据　处　理			
$\frac{a}{2}$(左)$= \frac{1}{2}$[$\frac{a}{2}$(Ⅰ)$+ \frac{a}{2}$(Ⅳ)]＝_____ $\frac{a}{2}$(右)$= \frac{5}{2}$[$\frac{a}{2}$(Ⅱ)$+ \frac{a}{2}$(Ⅲ)]＝_____ $\Delta\frac{a}{2}$(左)$= \frac{a}{2}$(左)$- \frac{a}{2}$＝_____ $\Delta\frac{a}{2}$(右)$= \frac{a}{2}$(右)$- \frac{a}{2}$＝_____			

测量结果	$\Delta\frac{a}{2}= \frac{1}{2}$[$\Delta-\frac{a}{2}$(左)$+ \Delta\frac{a}{2}$(右)]＝		
	牙型半角的合格性		指导教师：

实验十三　齿轮的测量

班级 _____ 　姓名 _____ 　日 期 _____

(1) 被测齿轮的参数级精度：

模数 m	齿数 z	齿形角 a	变位系数 x	跨齿数 k	公法线长度 W	精度标记

被测项目的公差或极限偏差				
公法线长度 变动公差 F_W	公法线平均长度极限偏差		分度圆弦齿厚极限偏差	
	上偏差 E_{WS}	下偏差 E_{WI}	上偏差 E_{SS}	下偏差 E_{SI}

公法线长度的测量

量仪名称		测量范围		分度值/mm	

测量记录/mm						
W_1	W_2	W_3	W_4	W_5	W_6	$W_{平均}$

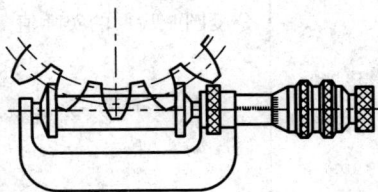

公法线长度变动$\Delta F_W =$

$=$

公法线平均长度偏差$\Delta E_W =$

$=$

合格性	公法线长度变动		指导教师：
	公法线平均长度偏差		

(2) 齿厚偏差的测量：

量仪名称				
测量范围				
分度圆弦齿高 $\bar{h}_a$ /mm				
分度圆弦齿厚 $\bar{s}$ /mm				
实际齿顶圆直径 $d_{e\,实际}$ /mm				
修正后的分度圆弦齿高 $\bar{h}_{a\,实际}$ = 3.7 mm				
齿厚极限偏差	$E_{SS} = -0.04$		$E_{SI} = -0.2$	
	测 量 记 录			
测量位置	1	2	3	4
测量数据 /mm	$\bar{s}_1$	$\bar{s}_2$	$\bar{s}_3$	$\bar{s}_4$
测量结果 及其计算 /mm	分度圆弦齿厚的实际值 $\bar{s}_{实际}$ = = 齿厚偏差 ΔE_s = =			
合格性		指导教师：		

计算过程：